"十二五"职业教育国家规划教材
经全国职业教育教材审定委员会审定

住房城乡建设部土建类学科专业"十三五"规划教材

住房和城乡建设部中等职业教育建筑施工与建筑装饰专业指导委员会规划推荐教材

建筑装饰设计基础（第二版）

（建筑装饰专业）

景月玲　主　编
冯淑芳　王芷兰　副主编

U0292988

中国建筑工业出版社

图书在版编目（CIP）数据

建筑装饰设计基础/景月玲主编. —2版. —北京：
中国建筑工业出版社,2021.8（2023.4重印）
"十二五"职业教育国家规划教材 经全国职业教育
教材审定委员会审定 住房城乡建设部土建类学科专业
"十三五"规划教材 住房和城乡建设部中等职业教育建筑
施工与建筑装饰专业指导委员会规划推荐教材.建筑装饰
专业
ISBN 978-7-112-26253-3

Ⅰ.①建… Ⅱ.①景… Ⅲ.①建筑装饰—建筑设计—
中等专业学校—教材 Ⅳ.①TU238

中国版本图书馆CIP数据核字（2021）第119429号

本书根据中等职业学校建筑装饰专业教学标准要求进行编写。内容包括:现场体验与课程认识,表现技法初步,配景配图,界面基本图形设计,空间环境设计,家居单一空间装饰方案设计等。

本书既可作为中等职业学校建筑装饰专业教材,也可供相关专业从业人员使用参考。

为便于教学和提高学习效果,本书作者制作了教学课件,索取方式为: 1. 邮箱 jckj@cabp.com.cn; 2. 电话（010)58337285; 3. 建工书院 http://edu.cabplink.com; 4. 交流QQ群 796494830。

责任编辑:刘平平 李 阳
责任校对:芦欣甜

"十二五"职业教育国家规划教材
经全国职业教育教材审定委员会审定
住房城乡建设部土建类学科专业"十三五"规划教材
住房和城乡建设部中等职业教育建筑施工与建筑装饰专业指导委员会规划推荐教材
建筑装饰设计基础（第二版）
（建筑装饰专业）
景月玲 主 编
冯淑芳 王芷兰 副主编
*
中国建筑工业出版社出版、发行（北京海淀三里河路9号）
各地新华书店、建筑书店经销
霸州市顺浩图文科技发展有限公司制版
北京中科印刷有限公司印刷
*
开本:787毫米×1092毫米 1/16 印张:16¼ 字数:254千字
2021年8月第二版 2023年4月第三次印刷
定价:**59.00**元（赠教师课件）
ISBN 978-7-112-26253-3
　（37252）

本系列教材编委会

主　任：诸葛棠

副主任：（按姓氏笔画排序）

　　姚谨英　黄民权　廖春洪

秘　书：周学军

委　员：（按姓氏笔画排序）

　　于明桂　王　萧　王永康　王守剑　王芷兰　王灵云

　　王昌辉　王政伟　王崇梅　王雁荣　付新建　白丽红

　　朱　平　任萍萍　庄琦怡　刘　英　刘　怡　刘兆煌

　　刘晓燕　孙　敏　严　敏　巫　涛　李　淮　李雪青

　　杨建华　何　方　张　强　张齐欣　欧阳丽晖　金　煜

　　郑庆波　赵崇晖　姚晓霞　聂　伟　钱正海　徐永迫

　　郭秋生　崔东方　彭江林　蒋　翔　韩　琳　景月玲

　　曾学真　谢　东　谢　洪　蔡胜红　黎　林

序言 ◆

　　住房和城乡建设部中等职业教育专业指导委员会是在全国住房和城乡建设职业教育教学指导委员会、住房和城乡建设部人事司的领导下，指导住房城乡建设类中等职业教育（包括普通中专、成人中专、职业高中、技工学校等）的专业建设和人才培养的专家机构。其主要任务是：研究建设类中等职业教育的专业发展方向、专业设置和教育教学改革；组织制定并及时修订专业培养目标、专业教育标准、专业培养方案、技能培养方案，组织编制有关课程和教学环节的教学大纲；研究制订教材建设规划，组织教材编写和评选工作，开展教材的评价和评优工作；研究制订专业教育评估标准、专业教育评估程序与办法，协调、配合专业教育评估工作的开展等。

　　本套教材是由住房和城乡建设部中等职业教育建筑施工与建筑装饰专业指导委员会（以下简称专指委）组织编写的。该套教材是根据教育部2014年7月公布的《中等职业学校建筑工程施工专业教学标准（试行）》、《中等职业学校建筑装饰专业教学标准（试行）》及其课程标准编写的。专指委的委员专家参与了专业教学标准和课程标准的制定，并将教学改革的理念融入教材的编写中，使本套教材能体现最新的教学标准和课程标准的精神。教材编写体现了理论实践一体化教学和做中学、做中教的职业教育教学特色。教材中采用了最新的规范、标准、规程，体现了先进性、通用性、实用性的原则。本套教材中的大部分教材，经全国职业教育教材审定委员会的审定，被评为"十二五"职业教育国家规划教材。

　　教学改革是一个不断深化的过程，教材建设是一个不断推陈出新的过程，需要在教学实践中不断完善，希望本套教材能对进一步开展中等职业教育的教学改革发挥积极的推动作用。

住房和城乡建设部中等职业教育建筑施工与建筑装饰专业指导委员会

2015 年 6 月

《建筑装饰设计基础》第一版，作为"十二五"职业教育国家规划教材，经过几年的教学实践，受到中等职业学校广大师生的欢迎和企业专家的好评。《建筑装饰设计基础》第二版，是在第一版的基础上，对部分内容进行了适当调整和修订；本教材无论在广度和深度上均有较大的增加，尽量把一些解释性的内容，用插图说明，图文并茂、重点突出、知识点明确，更加注重基本知识和能力的培养。

《建筑装饰设计基础》课程是中等职业学校建筑装饰专业的核心课程之一，是从事建筑装饰各项工作岗位的一门必修课程。

本教材主要依据教育部《中等职业学校建筑装饰专业教学标准》、《建筑装饰设计基础课程标准》、行业专家对建筑装饰专业所涵盖的岗位群进行工作任务和职业能力分析、《建筑装饰设计基础》课程学习所必须了解的基础知识、基本理论和必须掌握的基本技能，结合近些年来全国中等职业学校建筑装饰专业的教学改革、建筑装饰专业的教学特点、学生的知识结构等有针对性地编写。

本教材的编写采用项目教学，力求体现工作任务引领式的教学方法。强调理论知识够用为度，突出专业技能和能力的训练。

本教材在编写过程中，得到了企业专家林俊武、唐久鼎的大力支持；文秀红老师提供了部分视频资料、庄楚珊、梁毓然、林超绘制了部分插图，在此一并表示衷心的感谢！

本教材由广州市建筑工程职业学校景月玲任主编、冯淑芳、王芷兰任副主编，全书由景月玲统稿和修改。编写人员具体分工如下：广州市建筑工程职业学校景月玲编写项目6、王芷兰编写项目5；冯淑芳编写项目2、4；广西师范大学漓江学院设计学院曾春兰编写项目3。广西城市建设学校崔永娟编写项目1。

建筑装饰行业的发展日新月异，中职教育的改革不断深化，书中难免有不相适应之处，在此我们恳切希望广大读者给予批评指正。

第一版前言 ◆◆

　　《建筑装饰设计基础》课程是中等职业学校建筑装饰专业的核心课程之一，是从事建筑装饰各项工作岗位的一门必修课程。本课程主要依据建筑装饰设计初步学习所必须了解的基础知识、基本理论和必须掌握的基本技能，结合近些年来全国中等职业学校建筑装饰专业的教学改革、建筑装饰专业的教学特点、学生的知识结构等有针对性地编写。通过本课程的学习，使学生对建筑装饰艺术与技术有一定的认识和了解，学会建筑装饰设计相应的基础知识，初步掌握建筑装饰设计的表达、表现方法和设计方法，并能够在家居单一空间中进行装饰设计工作。

　　本教材的编写采用的是项目教学，力求体现工作任务引领式的教学方法。强调理论知识够用为度，突出专业技能和能力的训练。加大了图量，重点突出、知识点明确。

　　本教材在编写过程中，得到了某建筑集团的林俊武、庄楚珊、唐久鼎、梁毓然、林超的大力支持，在此表示衷心的感谢。

　　本教材由广州市建筑工程职业学校景月玲、王芷兰分别任主编和副主编，由景月玲统稿。编写人员具体分工如下：广州市建筑工程职业学校景月龄、王芷兰编写项目6、5，冯淑芳编写项目2、4；广西城市建设学校崔永娟编写项目1，曾春兰编写项目3。

　　建筑装饰行业的发展日新月异，中职教育的改革进一步深化，书中难免有不相适应之处，恳切希望广大读者给予批评指正。

目录 ◆◆◆

【项目概述】

　　本项目主要是通过组织学生实地参观学校的校园实景、建筑装饰实训中心、美术实训室等，使学生形成对建筑装饰设计的美感和表现效果的认识；进一步引导学生，使其初步了解建筑装饰设计的作用；掌握建筑装饰设计的分类及内容；了解不同的建筑装饰艺术与技术，如图1-1～图1-3所示；了解建筑空间尺度及常用装饰材料；了解建筑装饰设计基础的学习内容与要求等。为进一步学习本课程奠定一个良好的基础。

图 1-1　悉尼歌剧院内、外部

图 1-2　广东省图书馆

图 1-3　深圳观澜湖高尔夫别墅

任务 1　建筑装饰设计的作用、分类、内容

【任务描述】

组织学生分小组实地参观学校的校园实景、建筑装饰实训中心、美术实训室等，带领学生欣赏不同功能的不同风格的建筑装饰设计，使学生初步认识装饰设计给人的美感和表现效果；引导学生思考，掌握建筑装饰设计的分类及内容。

【任务实施】

1. 参观校园实景，对比校园与小区的环境设计，要求能理解建筑装饰设计的功用；

2. 通过参观学校会议室、办公楼、装饰实训室，对比会议室、办公室、教室、两房一厅的装饰构造实训室的装饰设计；要求学生对建筑装饰设计的分类有初步的了解；

3. 通过对不同风格装饰设计的图片欣赏，引导学生思考建筑装饰设计，初步培养学生对创造性设计思维和设计表达的欣赏能力；初步培养学生对装饰潮流的敏感性。

【学习支持】

1. 建筑装饰是具有视觉限定的人工环境，是"功能、空间形体、工程技术和艺术的相互依存和紧密结合；能够满足生理和精神上的要求，保障生活、生产活动的需求"。

2. 根据建筑物的使用性质和所处环境，综合运用物质技术手段，遵循形式美的法则，综合考虑使用功能、结构施工、材料设备、造价标准等多种因素，把建筑装饰的功能和艺术美有机地结合起来，创造出满足人们使用功能要求和精神功能要求的室内外环境，并使这个环境舒适化、科学化、艺术化和个性化，如图 1-4、图 1-5 所示。

图 1-4 一座废弃工厂改造的酒吧   图 1-5 私邸装饰室内设计

3. 根据建筑空间关系的不同，建筑装饰设计可分为室外、室内装饰设计两大部分；前者包括：室外建筑界面设计、环境设计以及夜景照明设计等；后者包括：室内建筑风格设计、空间设计、照明设计、色彩设计、环境设计以及饰品设计等。如图 1-6、图 1-7 所示。

建筑室外环境设计主要分为建筑外部环境设计及建筑外部空间设计。它通过对建筑外部形体的再创作以及室外环境小品的处理，使该建筑能与外部空间环境气氛相协调，更好地体现室内功能特点。室外环境包括自然山林、城市乡村、街道广场、江湖海洋、蓝天穹宇等。

室内装饰设计的应用分类，可根据建筑类型及其功能的设计分为居住空间建筑室内装饰设计、公共建筑室内装饰设计、工业建筑室内装饰设计和农业建筑室内装饰设计等，如图 1-8 所示。

图 1-6　广州剧院的白天和夜晚设计

图 1-7　辛辛那提艺术博物馆

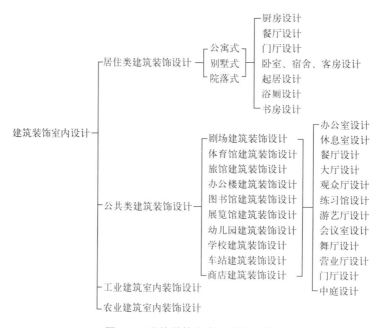

图 1-8　建筑装饰室内设计的分类

　　室内装饰设计的内容，主要包括室内空间环境设计，即对室内的使用空间、视觉空间、心理空间、流动空间、封闭空间等做出合理的安排，确定空间的形态和序列，解决各个空间的衔接、过渡、分隔等问题，创造出符合人们精神文化生活氛围的室内空间环境。同时兼顾家具与陈设用具的科学设计与使用。如图 1-9 ～图 1-11 所示。

图 1-9　相同空间不同的家居布置设计风格

图 1-10　不同风格不同色彩的设计

图 1-11　不同空间的灯光设计

【学习提示】

1.建筑装饰涉及建筑学、社会学、民俗学、心理学、人体工程学、结构工程学、建筑物理学及建筑材料学等学科，还涉及家具陈设、装饰材料质地和性能、工艺美术、绿化、照明等知识。

2. 教学中不仅仅结合周边的实例，也需要参考典型作品和当代风格创作，以便初步培养学生具备一定的对陈设潮流的洞悉感以及对创造性设计思维和设计表达的欣赏能力。

【实践活动】

1. 每班分 2～3 个小组参观校园实景，对比校园与小区的环境设计，口述建筑装饰设计的作用；

2. 通过参观学校会议室、办公楼、装饰实训中心，对比会议室、办公室、教室、两房一厅的装饰构造实训室的装饰设计，要求学生分小组归纳建筑装饰设计的分类；

3. 通过对不同风格装饰设计的图片欣赏，判断所属建筑装饰类别；

4. 通过对不同装饰设计的作品欣赏，简述建筑装饰设计的内容。

【知识链接】

1. 建筑设计主要解决建筑的内部空间使用及外立面的造型、总平面设计问题。首先，建筑装饰设计就是要实施建筑门面的内外装饰任务。其次，建筑装饰设计还要实施旧建筑的立面改造任务。再次，很多建筑装饰公司在实施建筑外立面改造的同时还对建筑周围的环境辅以设计，协调建筑立面与周围的关系。

2. 室内建筑装饰设计从设计的角度可将内容分为：室内风格设计、空间设计、照明设计、色彩设计、环境设计、饰品设计等。室内风格设计具体内容包括：运用文脉、历史、自然等设计元素完成个性化设计；室内空间设计具体内容包括：室内的界面、构件的设计；室内照明设计具体内容包括：室内电光源、灯具、照明组合方式的设计；室内色彩设计具体内容包括：室内界面色彩、室内家具色彩、环境色彩的设计；室内环境设计具体内容包括：室内自然采光、通风、绿化、小品等方面的设计；室内饰品设计具体内容包括：室内的浮雕、挂画等饰品设计。

3. 室外建筑装饰设计从设计的角度可将内容分为：室外建筑界面设计、环境设计、夜景照明设计等。室外建筑界面设计具体内容包括：建筑形体的调整，界面材料、质感、色彩、装饰构件、细部的设计；室外建筑环境设计具体内容包括：园林景观、建筑小品、立体绿化、水景喷泉、雕塑的设计；室外建筑夜景照明设计具体内容包括：建筑物的夜景照明、绿化景观的夜景照明等。

4. 随着世界各国国际化的脚步加快，今后呈现人们面前的将是一种国际式与地方性，全球化与民族性等共存的多元化的发展趋势。建筑装饰的设计倾向将是充满人性化、可持续发展、建筑智能化、高科技、民族性、地方性装饰设计。

【想一想】

1. 建筑装饰设计的作用是什么？

2. 建筑装饰设计的如何分类？

3. 如图 1-12 所示，这是属于室内设计还是室外设计呢？

图 1-12

任务 2　不同的建筑装饰艺术与技术

【任务描述】

通过对不同时期典型的建筑装饰设计的欣赏，使学生了解不同的建筑装饰艺术与技术。

【任务实施】

通过典型建筑装饰设计欣赏提出问题，教师引导共同欣赏不同风格的建筑装饰艺术与技术。课后上网搜索相关信息并撰写一篇文章分析 2 种以上不同的建筑装饰艺术与技术。

【学习支持】

1. 建筑装饰设计是指以美化建筑及其空间为目的的行为。完美的建筑装饰艺术与技术之间是一个完整不可分割的统一体。如图 1-13、图 1-14 所示。

图 1-13　北京中信大厦

图 1-14　上海中心大厦 123 层上海慧眼

2. 所有的建筑装饰都有自己的个性和特征，这个特征有明显的规律性、时代性、艺术性和技术性。一个时代的建筑装饰特点、规律、精华，在建筑的界面造型、家具造型、陈设、绿化、色彩、材质等各方面上的表现形式，称之为建筑装饰风格或流派。

3. 设计师在建筑装饰设计中不仅仅能够发挥自身的设计能力，体现自身特色，而且能够充分运用当代科技成果，包括新型的材料、结构构成和施工工艺，以及处理好通风、采暖、温湿调节、通信、消防、隔噪、视听等要素，使建筑空间环境安全、舒适和新颖。

4. 设计师在建筑装饰设计过程中应做到与当地的自然条件、人文因素（地理位置、民族特征、生活方式、文化潮流、风俗习惯、宗教信仰以及社会心理）的完美结合，同时参考其当时的技术条件和常见的风格。如

图 1-15 ～图 1-21 所示。

图 1-15　中式风格

图 1-16　欧式风格

图 1-17　现代风格

图 1-18　后现代风格

图 1-19　自然风格

图 1-20　高技派风格

图 1-21　简约派风格

【学习提示】

1. 注意对不同时期不同风格的建筑装饰设计的总体把握和细节体现；
2. 提升学生的建筑装饰艺术鉴赏能力；

3. 通过网络信息化资源的搜索，提高学生自我提升专业技能的能力。

【实践活动】

1. 建筑装饰名作欣赏与分析，使学生了解不同的建筑装饰艺术与技术；
2. 学生在课后借助图书资源或网络资源完成 2 种以上不同的建筑装饰艺术与技术的鉴赏评析，整理后上交供评比。

【知识链接】

1. 建筑室内装饰不只是简单的装修，也不是一般意义上的美化。室内装饰设计应当满足室内空间的性质和用途，要与建筑功能、建筑技术、人体工程学等相适应进行室内空间环境设计。它是一种对空间、造型、色彩、灯光、材料、艺术陈设等同步进行的综合性整体设计，既要满足不同的使用功能，同时又具有特定的艺术形式所反映的审美价值。

2. 建筑装饰各种形式的生成除了受到建造水平、材料及其他因素的制约，还受到社会文化因素的影响。功能、文化、地域、环境、物质技术几方面是导致和制约装饰形式产生的根本原因。

【想一想】

1. 为什么说完美的建装饰艺术与技术之间是一个完整不可分割的统一体？
2. 在建筑室内装饰中常见的风格有哪些？

任务 3 建筑空间尺度及常用装饰材料

【任务描述】

通过对实地室内一些尺寸的测量，要求学生记忆建筑空间常用尺寸；通过对建筑装饰材料实训室的参观，要求学生能初步对常见装饰材料进行识别；通过分小组进行活动以及信息化资源的搜集提高学生的团队协作能力和信息化应用能力。

【任务实施】

1.组织学生分小组实地测量

（1）人体数据：自己的身高，肩高，视高，举手高，一脚长，一步长，双臂长……

（2）家具：（选择下列一项绘图）绘图桌面高，一般课桌椅高，阅览室桌椅高，电脑桌椅高……食堂餐桌椅高，桌椅间距，四人餐桌长宽，桌椅高，四人餐桌直径……单人沙发长宽，转角沙发长宽，单人床长宽，双人床长宽……

（3）建筑构件：楼梯踏板，踢板尺寸，栏杆高度，室外台阶尺寸……（1∶20），各种卫生间洁具尺寸及间距；

（4）房间尺度：测绘自己宿舍，绘出平面图，剖面图（1∶30），平面画出家具；同时要求学生记忆建筑空间常用尺寸。

2.实地参观装饰材料展示室，分小组进行资料搜集，要求对常见装饰材料进行分类，并搜集常见装饰材料的基本知识，从而达到简易识别的目的。

【学习支持】

一、建筑空间尺度

建筑是供人使用的，它的空间尺度必须满足人体活动的要求，既不能使人活动不方便，也不应造成不必要的浪费。建筑物中的家具、设备的尺寸，踏步、窗台、栏杆的高度，门洞、走廊、楼梯的宽度和高度，也都和人体尺度及其活动所需空间尺度有关。所以，人体尺度和人体活动所需的空间尺度是确定建筑空间的基本依据。

1.人体尺度

人体的基本尺度，如图1-22所示。

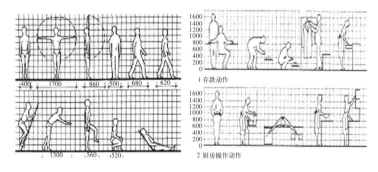

图1-22　人体的基本尺度

2.家具、设备的尺寸和使用它们的必要空间（图 1-23 ～图 1-25）

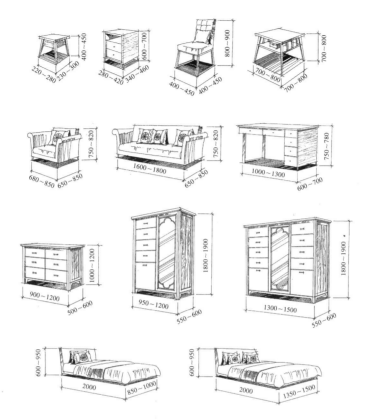

图 1-23　常见家具的尺寸

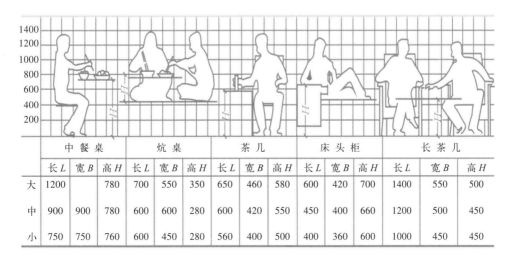

	中餐桌			炕桌			茶几			床头柜			长茶几		
	长 L	宽 B	高 H	长 L	宽 B	高 H	长 L	宽 B	高 H	长 L	宽 B	高 H	长 L	宽 B	高 H
大	1200		780	700	550	350	650	460	580	600	420	700	1400	550	500
中	900	900	780	600	600	280	600	420	550	450	400	660	1200	500	450
小	750	750	760	600	450	280	560	400	500	400	360	600	1000	450	450

图 1-24　常见家居的尺度

图 1-25　常见的家具

二、建筑装饰常见材料

常见的装饰材料如图 1-26 所示，分为吊顶材料、门窗材料、五金材料、墙面材料、地面材料、胶粘材料、油漆材料、水电材料。

【学习提示】

1. 建筑装饰材料品种繁多，而且更新较快。若有条件的建议带领学生去建筑装饰材料现场进行参观调查了解。

2. 从大量的图片和实际案例当中去分析和掌握常用的家具尺寸和常用的家居装饰材料。

【实践活动】

1. 每班分 5 ～ 6 个小组对实地室内一些尺寸进行测量，统计；

2. 要求学生记忆建筑空间常用尺寸；

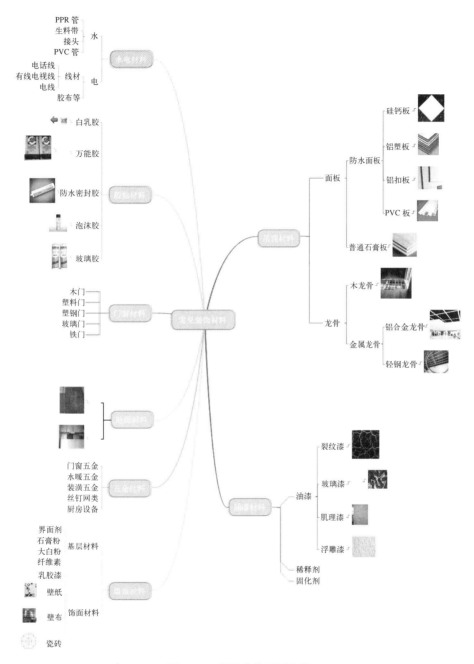

图 1-26 常见装修材料分类

3.通过对建筑装饰材料实训室的参观，要求学生能初步对常见装饰材料进行识别；并列出见到的建筑装饰材料；

4.测绘自己宿舍，绘出平面图、剖面图（1∶30），平面画出家具。

【知识链接】

建筑装饰的整体效果和建筑装饰功能的实现，在一定程度上受到建筑装饰材料的制约，尤其受到装饰材料的光泽、质地、质感、图案、花纹等装饰特性的影响。因此，熟悉各种装饰材料的性能、特点，按照建筑物及使用环境条件，合理选用装饰材料，才能材尽其能、物尽其用，更好地表达设计意图。以下介绍几种新型的建筑装饰材料。

1. 墙地砖行业的新品种——大颗粒玻化砖

具有吸水率低、抗折强度高、表面硬度大、耐酸碱、耐磨抗风化等特点。其主要工艺是把生产玻化砖的普通粉料经过专门的设备、用不同的技术工艺将各种颜色的粉料加工成大小不规则的、颜色不同的大颗粒，尺寸从2～8mm不等。

2. 高分子软膜吊顶

柔性"高分子软膜吊顶"装饰材料系新颖材料。软吊顶由软膜和龙骨角码安装组合而成，龙骨都可直接安装在墙壁、木方和钢结构上，安装方便；安装完成后天花边缘的能见度只有2mm宽，可以任意降低或提升房子的高度，龙骨可作任意平面或立体造型，如：穹状、半圆形、多边形、小拱形、喇叭形等，软吊顶并不附属在固有的屋顶上，而是与屋顶形成一个夹空层，在此空间内可以安装消防管道、空调管、电源线管等设备，它对周边所有的结构均能适合。

软吊顶由于采用高分子聚合物改性材料，色彩匀称、光滑如缎、新颖离奇。如：小聚光灯、分枝吊顶、灯光标牌、空调设施、VMC突饰等，突破了传统吊顶在造型、颜色和小块拼装的局限性，充分展现了高分子软膜吊顶的浪漫走向拥有梦想的空间，由喷绘、印刷、刻花等各种色彩图案及特大型热焊拼块设计造型与特种龙骨设计组合为整体结构。

3. 微晶玻璃

被科学家称为21世纪新型装饰材料的微晶玻璃，是20世纪70年代发展起来的多晶陶瓷新型材料。微晶玻璃近似于硬化后不脆不碎的凝胶，是一种新的透明或不透明的无机材料，即所谓的结晶玻璃、玻璃陶瓷或高温陶瓷。

它同样具有机械强度高、表面硬度大及优良的化学稳定性，适于用作高档次的地铁、大楼、机场、车站、宾馆、大饭店等建筑物的装饰材料。

4. 几种建筑涂料新品种

建筑涂料新品种有调湿涂料、灭虫涂料、天然真石漆等。

调湿涂料利用其涂层特性调节湿度，无需消耗任何人工能源，是一种生态控制调湿节能装饰材料。将高效吸毒、广谱杀虫剂和负离子抗菌添加剂吸附于微孔填料中，可制备成调湿杀虫涂料。

天然真石漆是以不同粒径的天然花岗岩等天然碎石、石粉为主要材料，以合成树脂或合成树脂乳液为主要粘结剂，并辅以多种助剂配制而成的涂料，具有耐水、耐碱、耐候性好、附着力强和高保色性的特性；天然真石漆具有花岗岩、大理石、天然岩石等石材的装饰效果，并具有自然的色彩，逼真的质感，坚硬似石的饰面，给人以庄重、典雅、豪华的视觉享受。

【填一填】

根据记忆填写表 1-1。

表 1-1

序号	尺寸位置	具体尺寸	备注
1	衣橱		
2	推拉门		
3	电视柜		
4	单人床		
5	双人床		
6	室内门		
7	厕所、厨房门		
8	窗帘盒		
9	单人式		
10	双人式沙发		
11	小型茶几		
12	固定书桌		

续表

序号	尺寸位置	具体尺寸	备注
13	餐桌		
14	书柜		
15	踢脚板高		
16	挂镜线高		

任务4　建筑装饰设计基础的学习内容与要求

【任务描述】

　　通过对课程的介绍，使学生了解建筑装饰设计基础的学习内容与要求，初步认识建筑装饰设计体系，逐步引导学生了解建筑装饰设计的学习方法，形成正确的设计观（图 1-27 ～ 图 1-30）。

图 1-27　餐厅空间

图 1-28　流通空间

图 1-29　室内空间

图 1-30　室外空间

【任务实施】

1. 通过课堂讲授，使学生了解课程的基本学习内容与要求；

2. 引导学生了解建筑装饰设计的学习方法，初步认识建筑装饰设计体系。

【学习支持】

1. 本课程是建筑装饰专业的专业核心课程。主要包含六个项目，通过本课程六个项目的学习，主要使学生掌握建筑装饰设计常用的基础知识和理论，并通过大量基本的技能实训，使学生具备基本的装饰设计创作能力和表达、表现能力。

2. 要学好本课程内容，需要从以下三个方面着手：

◆　加强课堂学习，课堂学习包括有课前的预习工作（画出重点、难点，在网上搜寻相关的知识链接；思考后仍看不懂、弄不明白的地方要作出标记），课堂上或上课间隙，可与教师沟通，课后抓紧时间巩固；

◆　认真完成布置的作业；

◆　理论联系实际，利用一切条件观察和学习周围已经建成的和正在建设的建筑装饰工程在实践中验证和补充理论知识。

【学习提示】

1. 注意对人的行为空间的观察和了解；

2. 注意对建筑装饰专业基本技能的理解及培养；

3. 关注周边建筑装饰设计作品注意自身审美素质的提高。

【实践活动】

翻看书籍、查阅资料、撰写个人对本门课程的学习内容的认识、今后的学习方法以及期望个人学习此课程后所能达到的能力目标，要求必须附参考资料目录。

【知识链接】

1. 建筑装饰设计是建筑设计的继续、深化和发展，其在室内的设计活动又可称之为室内装饰设计，简称室内设计。它包括了室内空间、界面及环境这三大部分的设计内容。室内空间设计主要是解决空间的比例、尺度、虚实的变化以及这些变化给人带来的不同感受。

2. 家装项目设计流程图（图 1-31）。

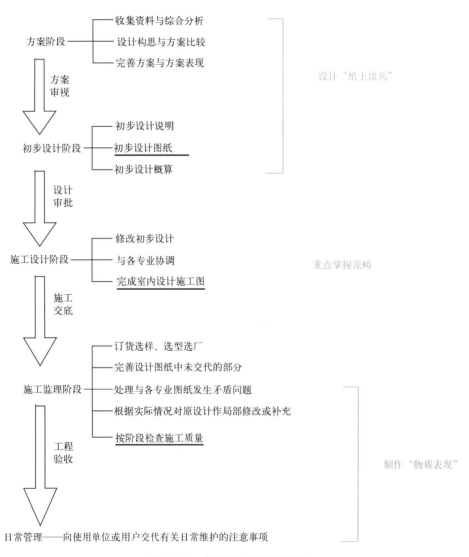

图 1-31　家装项目设计流程图

【活动评价】（表 1-2）

表 1-2

任务考核评价表						
项目一				专业名称		建筑装饰
时间		地点		学号姓名		
任课教师		班级		评价得分		
评价项目				自评	互评	师评
				30%	30%	40%
专业素养（60%）	任务一 20	能描述校园不同建筑的装饰分类	10			
		能描述建筑装饰的作用	5			
		能简述建筑装饰设计的内容	5			
	任务二 10	简述该建筑装饰设计艺术与技术的特点（2 种以上）的文章	10			
	任务三 20	小组实地丈量数据及填表	10			
		建筑空间常用尺寸的记忆	5			
		建筑装饰材料	5			
	任务四 10	本课程的学习方法	5			
		个人目标值	5			
职业能力（40%）		自我管理能力（纪律）	10			
		团队合作能力	10			
		解决问题的能力	10			
		革新、创新与自我提高的能力	10			
小计：						
总结：						
				综合评价		

【想一想】

1. 你觉得这个入口玄关设计的如何，如图 1-32 请评价。

图 1-32　入口玄关

2. 在这个休闲区（图 1-33）旁边，布置一些餐桌及板凳，请列出色彩、款式或图片。

图 1-33　休闲区

3. 图 1-34 是伊仁诺长岛双亲住宅外观及室内（美国 1984 年），请分析它室内外装饰设计的艺术和技术的体现。

图 1-34　伊仁诺长岛双亲住宅

4. 鉴别常见的建筑装饰材料，知道它们的用途。

5. 简述建筑装饰基础的学习内容与要求。

【优秀作品展示与评价】

[作品一]

贝聿铭先生是美籍华人，世界著名的第二代现代建筑大师。善于巧妙地使用三角形母体构图法进行建筑创作，如图 1-35、图 1-36 所示。

图 1-35　苏州博物馆（外）

图 1-36　苏州博物馆（内）

[作品二]

格罗皮乌斯是德国现代建筑师和建筑教育家，他是现代主义建筑学派的倡导人和奠基人之一，公立包豪斯（Bauhaus）学校的创办人，其创作如图 1-37、图 1-38 所示。

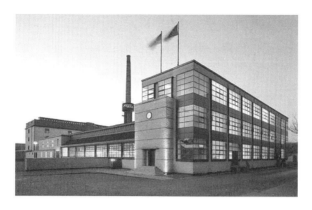

图 1-37　德国法古斯工厂（外）

图 1-38　德国法古斯工厂（内）

[作品三]

　　勒·柯布西耶是现代建筑运动中的激进分子和主将，不断以新奇的建筑观点和作品及方案给人以惊奇，是位狂飙式的大师。习惯用底层的独立支柱、屋顶花园、自由平面、自由立面、横向长窗，如图 1-39、图 1-40所示。

图 1-39　法国萨伏伊别墅（外）

图 1-40　法国萨伏伊别墅（内）

项目 2
表现技法初步

【项目概述】

　　本项目要求学生掌握不同类型制图工具的正确使用方法，并熟练使用；熟悉国家相关的制图标准，掌握和遵循工具线条图的绘制基本原则，提高绘图的准确度和绘图效率；熟悉常用建筑美术字体（黑体、宋体等）基本特征，并掌握其笔画组合方式，从而绘写出美观的建筑美术字体。

任务1　不同类型制图工具的正确使用

【任务描述】

　　通过教师的讲解与示范，观察和学习绘图板、丁字尺、三角板、圆规、比例尺、铅笔、墨线笔等工具的正确使用方法；能够绘制出不同宽度的各种简单线条，为后续学习绘制工具线条图奠定一个良好的基础。

【任务实施】

1. 固定A3图纸于画板上：将丁字尺的尺头内侧紧靠在图板的左侧边，以尺身上缘为准，将图纸摆正，绷紧图纸后用胶带将纸固定在画板上。

2. 用丁字尺分别绘制 20cm 长水平线 5 条和垂直线 5 条。画线时握笔要自然，速度、用力要均匀，绘制出圆润有力的线条，如图 2-1 所示。

图 2-1　直线条标准

3. 绘制五个边长为 3cm 的正方形，要求线条光滑，粗细均匀，交接清楚，交接的要求，如图 2-2 所示。

图 2-2　直线交接要求

4. 绘制一组同心等间距圆，半径分别为 2cm、3cm、4cm、5cm，要求圆弧线线条光滑，粗细一致，圆首尾交接无痕迹，要求如图 2-3 所示。

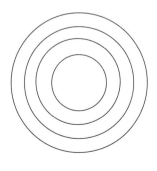

图 2-3　同心圆要求

5. 绘制一条直线，再绘制一个圆与直线相切，要求如图 2-4 所示。

图 2-4　圆与直线相切

【学习支持】

1.建筑装饰专业工具线条图常用的绘图工具包括：绘图板、丁字尺、三角板、圆规、比例尺、曲线板、2H ～ HB 铅笔、墨线笔等作为主要绘图工具；胶纸、绘图钉、刷子、橡皮等作为辅助工具，如图 2-5 所示。

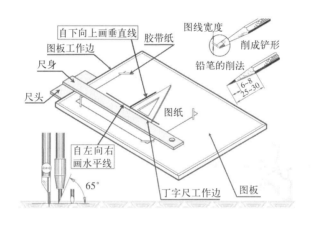

图 2-5　不同类型制图工具

2.常用的制图工具使用要点：

（1）绘图板

绘图板用作画图时的垫板，要求板面光滑平整。其上下表面为工作表面，用作导边的两侧必须平直，绘图的图纸用胶带固定在图板上。

（2）丁字尺

◆　丁字尺由尺头和尺身组成，与绘图板配合使用，一般用来画水平线。绘图前先固定图纸，尺头的内侧应紧靠在图板的左侧边，以尺身上缘为准，将图纸摆正，绷紧图纸后用胶带将纸固定在画板上。当图幅不大时，宜将图纸固定在图板的左下方，并应在图纸下方留出足够放置丁字尺的地方，如

图 2-6 所示。

◆　开始绘图，用左手推动丁字尺沿图板上下移动，把丁字尺调整到准确的位置，然后压住丁字尺进行画线。画水平线是从左到右画，铅笔前后方向应与纸面垂直，而在画线前进方向倾斜约 30°。画垂直线和斜线则应使用三角板配合丁字尺完成，具体绘图手势，如图 2-7 所示。

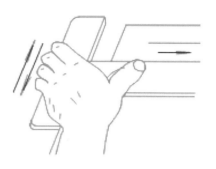

图 2-6　左手按压丁字尺方式

◆　绘图时禁止用丁字尺的尺身下沿画线，也不能只用三角板画平行线。如图 2-8 所示的错误用法均应避免。

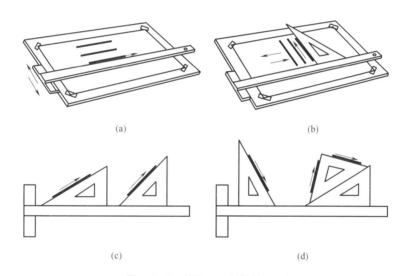

(a)　　　　　　　　　　　　　　(b)

(c)　　　　　　　　　　　　　　(d)

图 2-7　丁字尺、三角板的用法

（a）作水平线；（b）作铅垂线；（c）作 30°、45° 斜线；（d）作 60°、75°、15° 斜线

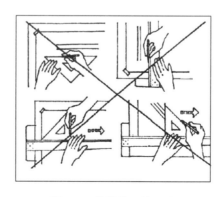

图 2-8　常见错误绘图法

（3）三角板

三角板有 30°（60°）和 45° 两块，可以和丁字尺配合画垂直线及 15° 倍角的斜线。如图 2-9 所示，丁字尺和两块三角板配合可以画出 15° 整倍数的斜线。或者用两块三角板配合画任意角度的平行线。

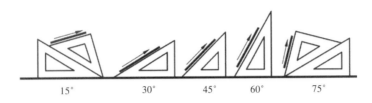

15°　　　　30°　　　　45°　　　60°　　　　75°

图 2-9　三角板与丁字尺配合绘制各种角度斜线

（4）圆规

圆规是用来画圆和圆弧的工具，附件有钢针插脚、铅芯插脚、鸭嘴插脚和延伸杆等。画圆时，针脚和铅芯脚都应垂直纸面，圆心钢针略长于铅芯。圆的画法，如图 2-10 所示。

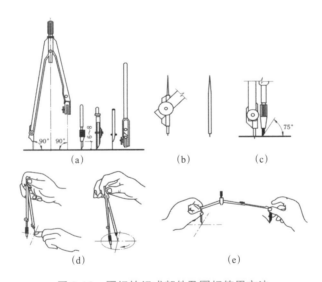

图 2-10　圆规的组成部件及圆规使用方法

（a）圆规及其插脚；（b）圆规上的钢针；（c）圆心钢针略长于铅芯；（d）圆的画法；（e）画大圆时加延伸杆

（5）分规

分规是用来量取尺寸、移置尺寸和等分线段的工具，目前用得比较少。分规两针尖要等长，合拢时要对准。用分规量取尺寸的方法如图所示，当使用分规割线段时，要用右手的拇指和食指捏住手柄，使两针尖沿线段摆转前进，如图 2-11 所示。

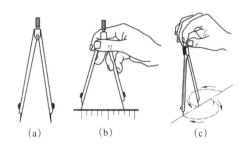

图 2-11　分规的组成部件及圆规使用方法
(a) 分规；(b) 量取长度；(c) 等分线段

（6）比例尺的用法

◆　比例尺是刻有不同比例的直尺，它表示图上距离比实地距离缩小的程度，也叫缩尺，比例尺有棱尺和扇形比例尺，如图 2-12 所示。

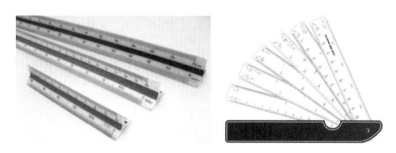

图 2-12　棱尺和扇形比例尺

◆　比例尺公式为：比例尺 = 图上距离 / 实地距离。尺子上刻有不同比例的刻度数，用数字的比例式或分数式表示比例尺的大小，建筑装饰专业常用的比例尺有 1：2，1：5，1：10，1：20，1：50，1：100。

◆　比例尺不能作为画线工具使用。

（7）曲线板的用法

曲线板用来绘制非圆曲线的工具。作图时，先徒手用细线将各点连成曲线，然后从一端开始，选择曲线板上曲率合适的部分分段描绘，直到最后一段连成曲线，如图 2-13、图 2-14 所示，为保证所描绘的曲线圆滑，前后描绘的两段应有一小段重复（不少于 3 点）。

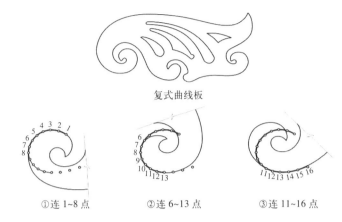

复式曲线板

①连 1~8 点　　②连 6~13 点　　③连 11~16 点

图 2-13　曲线板连曲线示意

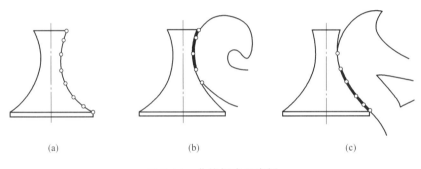

(a)　　　　　(b)　　　　　(c)

图 2-14　曲线板应用案例

（8）铅笔的用法

绘图时，根据使用要求不同，一般应备有一下几种硬度不同的铅笔：画粗实线用 HB 铅笔；写字用 H 或 HB 铅笔；画细线用 H 或者 2H 铅笔。画粗实线的铅芯锥形或楔形，如图 2-15 所示。

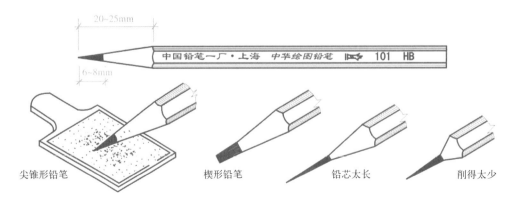

尖锥形铅笔　　　楔形铅笔　　　铅芯太长　　　削得太少

图 2-15　铅笔削法

（9）绘图用品还有橡皮、胶带纸、小刀、擦线板，软毛刷等，在制图前应准备齐全。

【学习提示】

形成良好的作图习惯：

1. 画图顺序：先上后下，先左后右，先曲后直，先细后粗。

2. 画图前，可准备少许卫生纸巾，方便吸取绘图笔笔头内的残液，减少和避免图面发生污渍，保持图纸干净整洁。

3. 具体画图时，做到笔速和力量均匀一致，切忌忽快忽慢，影像图面效果。

4. 画图执笔时，应保持笔杆略向画者倾斜，利于笔尖运动时不紧贴尺具，则可有效避免墨水沁入尺具与纸之间的缝隙，防止图面遭受污染。

5. 将三角板翻转使用，亦可避免走墨。

6. 完成画图步骤后，应双手执尺具两端向上抬起，而不可以直接在图纸上摩擦下拖，避免墨水受拖运动，从而污染画面。

7. 尺具下贴敷胶带纸或垫纸，均可以起到防止墨水渗出的作用。

【实践活动】

1. 作业规格：420mm×594mm（A2）绘图纸。

2. 试用铅笔画出线型分别为实线、虚线和点画线，长度为 200mm 的线 5 条；

3. 绘制五个边长为 3cm 的正方形；

4. 绘制一组等间距同心圆，半径分别为 2cm、3cm、4cm、5cm，要求圆弧线条光滑，粗细一致，圆首尾交接无痕迹；

5. 在作业 2 的正方形里绘制直径为 3cm 的圆，与正方形相切；要求严格按照尺寸绘制，线条流畅均匀、挺拔有力、粗细线要分清、线条交接准确；

6. 要求布图合理，图纸干净整洁，图面质量美观。

【活动评价】（表 2-1）

表 2-1

	评分项目	学生自评	小组评定	教师评分	平均分	总评分
评分细项 （50%）	起笔收笔					
	图线粗细					
	图线间距					
整体版面（50%）						
签名						

【知识链接】

1. 针管笔

针管笔：是绘制图纸的基本工具之一，能绘制出均匀一致的线条。具体操作：

（1）上下摆动针管笔，观察笔头细钢针活动是否灵活（其长度应稍长于笔头），便于以后使用；

（2）打开笔套，观察吸囊的完整性及其灵活性是否正常。

2. 擦图片

擦图片，又称擦线板，为便于擦去铅笔制图过程中不需要的稿线或错误图线，并保护邻近图线完整的一种制图辅助工具；擦图片多采用塑料或不锈钢制成；由不锈钢制成的擦图片因柔软性好，使用相对比较方便。

【画一画】

请参照图 2-16，在 A3 图纸上用 1 ∶ 10 的比例，绘制你们教室前门的大样图。

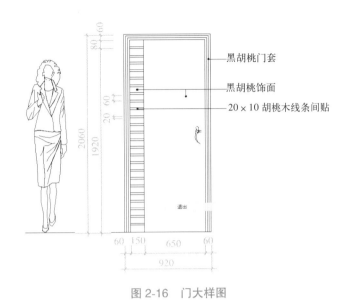

图 2-16　门大样图

任务 2　国家相关的制图标准

【任务描述】

> 要求学生熟悉国家相关的制图标准，并结合制图基础课所掌握的相关知识。在制图时必须遵循国家的基本制图规定，能够选用适合任务的图纸图幅；能正确地用图线表达图形；会正确标注图形各种尺寸，并读懂尺寸标注，正确地表达设计的意图。

【任务实施】

识读卧室平面图，如图 2-17 所示，回答以下问题：

◆　图上卧室的长宽尺寸分别是多少？

◆　图中墙线用粗实线还是细实线绘制？

◆　图中都有什么家具，你能看出来吗？

◆　图中地面是什么材质，怎么看出来的？

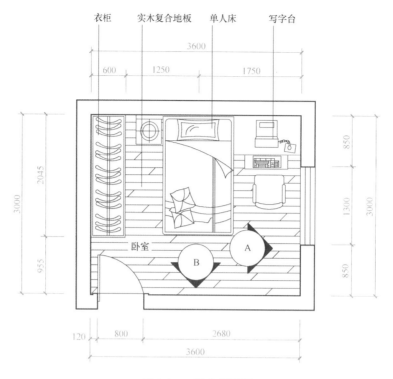

图 2-17　卧室平面图

【学习支持】

1. 图纸图幅和图框尺寸

（1）图纸图幅：绘图时，一般选用 A 系列图幅为设计图所用。以幅面代号 A0、A1、A2、A3、A4 区分，具体尺寸及相互关系如图 2-18 所示。

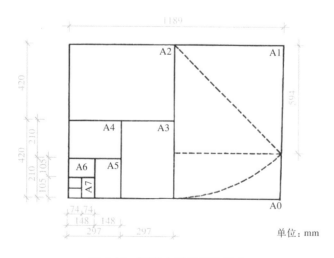

单位：mm

图 2-18　图纸 A 系列标准尺寸

（2）图框：在绘图时根据不同需求，纸张的使用上图纸幅面分为横式和立式两种。为了避免图纸磨边导致图线缺失，在绘制施工图时会在图纸上用线框来限定绘图区域，这个线框称为图框。图框用粗实线绘制，一般我们在学校用到的 A2、A3，图纸的图框线在装订边预留 25mm，其他三边预留 10mm，如图 2-19 所示。

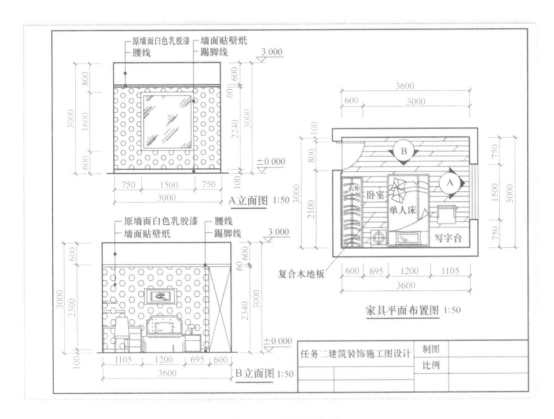

图 2-19　图框的使用

2. 图线

（1）图线的核心内容是线型和线宽两元素，我们最常用的是各种宽度的实线和虚线，具体用法见表 2-2。

（2）线宽的粗细是相对的，由 b 来决定；图线的宽度 b 一般从 2.0mm、1.4mm、1.0mm、0.7mm、0.5mm、0.35mm 中间选取；同一张图纸内，相同比例的各图样，应选用相同的线宽组，图线不得与文字、数字或符号重叠、混淆，不可避免时，应首先保证文字等的清晰。

图线及其用途 表 2-2

名称		线型	线宽	一般用途
实线	粗	——————	b	1. 平、剖面图中被剖切的主要建筑构造和装饰构造的轮廓线 2. 室内装饰立面图的外轮廓线 3. 建筑装饰装修构造详图中被剖切的主要部分的轮廓线 4. 建筑装饰装修详图中的外轮廓线 5. 平、立、剖面图的剖切符号 注：地平线线宽可用 1.5b，图名线线宽可用 2b
	中	——————	0.5b	平面图、剖面图中除被剖切轮廓线外的可见物体轮廓线
	细	——————	0.25b	图形和图例的填充线、尺寸线、尺寸界线、索引符号、标高符号、引出线等
虚线	中	- - - - - - - -	0.5b	1. 表示被遮挡部分的轮廓线 2. 表示平面中上部的投形装饰轮廓线 3. 预想放置的建筑或装饰的构件 4. 运动轨迹
	细	· · · · · · · · · · ·	0.25b	表示内容与中虚线相同，适合小于 0.5b 的不可见轮廓线
细单点长画线		— · — · — · —	0.25b	中心线、对称线、定位轴线

3. 标注

（1）图样仅表示物体的形状，而物体的真实大小则由图样上所标注的实际尺寸来确定。尺寸标注是建筑装饰制图中最基本的知识之一，其内容丰富。能否正确地认识和标注各种尺寸，是衡量装饰装修设计师和制图员专业素质的重要标准；

（2）图样上标注的尺寸，如图 2-20 所示；由尺寸界线、尺寸线、尺寸起止符号和尺寸数字四个部分组成。尺寸界线应用细实线绘制，一般应与被注长度垂直，其一端应离开图样轮廓线不小于 2mm，另一端宜超出尺寸线 2～3mm。图样轮廓线可用作尺寸界线（图 2-21）。

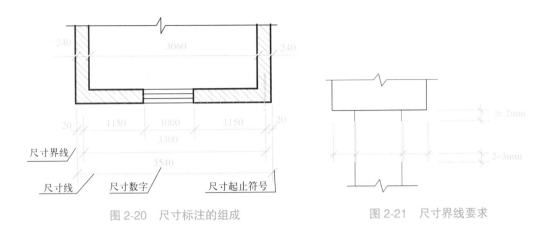

图 2-20　尺寸标注的组成　　　　图 2-21　尺寸界线要求

【提醒】

1. 绘制图形之前应先选定图纸的图幅，并确定绘图比例后，再进行绘制；

2. 绘制图线应该粗细分明，剖切到的线条应该用粗实线，看到的线条用细实线，暗藏灯管等应该用虚线绘制；

3. 图样轮廓线以外的尺寸界线，距图样最外轮廓之间的距离，不宜小于10mm。平行排列的尺寸线的间距，宜为 7 ～ 10mm，并应保持一致。

【实践活动】

1. 测量教室前门和一樘窗户的大小，并记录尺寸。

2. 选定画图的图纸图幅（A3 或 A2），用恰当的比例将门的平面图、立面图、剖面图绘制下来。

3. 按规范要求，绘图的线条粗细分明，尺寸标注准确、规范。

4. 写上图名比例。

【活动评价】（表 2-3）

表 2-3

	评分项目	学生自评	小组评定	教师评分	平均分	总评分
评分细项（50%）	起笔收笔					
	图线粗细					
	图线间距					
整体版面（50%）						
签　名						

【知识链接】

1.建筑装饰装修图中连续等距重复的构配件等，当不易表明定位尺寸时，可在总尺寸的控制下，定位尺寸不用数值而用"均分"或"EQ"字样表示；

2.半径、直径、球的尺寸标注；

3.角度、弧度、弧长的标注；

4.角度标注方法；

5.坡度标注方法。

任务3　工具线条图的绘制基本原则

【任务描述】

> 要求学生熟悉工具线条图的绘制基本原则，并按要求独立绘制指定的图样，熟练地使用绘图工具，规范绘制各种线条。要求绘制出的线条粗细均匀，光滑整洁、交接清楚，线条宽度控制严格。特别是掌握铅笔、墨线笔的使用方法及如何运用刀片对错误线条进行修正。

【任务实施】

1.识读线条练习图，弄清楚画面布图的定位尺寸线，如图2-22所示；

2.弄清楚不同图形的样式、图线粗细、图形定形尺寸和定位尺寸，掌握绘制方法；

3.按照图形样式、图线粗细和尺寸标注要求，绘制图2-22。

【学习支持】

1.不同线型和线宽表达不同的含义

（1）粗实线 ————————

表示立面外轮廓线，平面及剖面图中被剖切部位的轮廓线。

图 2-22　工具线条图

（2）中实线

表示建筑突出墙面的线及次轮廓线。

（3）细实线

建筑图中的尺寸线、尺寸界线及剖面图中的可见线，立面图部纹理。

（4）细单点画线 —·—·—·—

表示形体的中轴位置及定位线。

（5）细虚线 — — — — — — —

表示物体被遮挡部分的轮廓线。

（6）折断线

表示形体在图面上被断开的部分。

2.正确读图（先整体，后局部，再细部）

（1）整体图纸

1）先看图 2-21 的整体图面尺寸，确定图纸的图幅为 340mm×260mm，图框线为幅面线每边缩进 10mm；

2）图纸分为两大部分。上部分绘制图形区，图纸下方是书写班级姓名等内

容的区域;

3)绘图区上有六个图形,每个图形与图框线之间的间隔为20mm,图形之间也保持了20mm的间隔。六个图形,从左到右,绘图难度逐渐增加,从直线到复杂直线构图,到曲线、复杂曲线;

4)图纸下方打好9×6的方格书写文字,要求是写仿宋字体。

(2)局部图形特点

1)从左到右,从上到下分析各个局部图形,找出它们的绘图准确尺寸及规律,如图2-27的半圆弧图案中,关键就是找出圆弧的圆心,通过圆弧的切点,不难发现它们的作图规律;

2)找出六个图形的作图辅助线,就能准确的计算出每个图的局部尺寸。辅助线具体做法,如图2-23~图2-28所示。

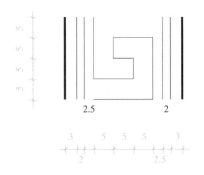

图2-23 回型直线条练习

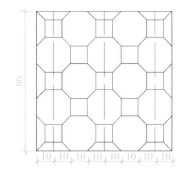

图2-24 多边形直线练习

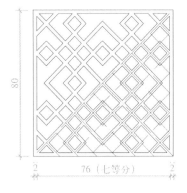

图2-25 斜平行线练习

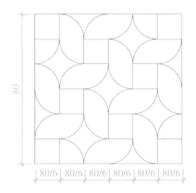

图2-26 直线与曲线交接

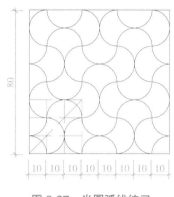

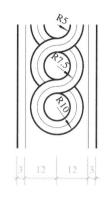

图 2-27　半圆弧线练习　　　　　图 2-28　同心圆曲线练习

（3）确认细部

当六个图形的辅助线都找出并绘制出来后，要再进行细部的确认：每根线的间距、粗细、线与线之间的交接、圆弧与直线的相接、圆弧与圆弧的相切等信息，都需要在动笔画图前心中有数。

【学习提示】

1. 运笔时，笔尖应该完全垂直于纸面，运笔不宜过快，用力均匀。

2. 先细后粗。绘图加深要做到粗细分明，宽粗线可以用细笔描填。

3. 分批加深。同类线型宽度粗细一致，按线宽分批加深：

（1）从上向下，加深所有的水平线；

（2）从左向右，加深所有的竖直；

（3）直线与曲线连接，先曲后直。

【实践活动】

1. 绘图前的准备工作

◆　图板、丁字尺、三角板、画图桌等绘图仪器及工具擦干净；

◆　根据绘图的数量、内容及其大小，选定比例，确定图幅；

◆　固定图纸，一般固定在板的左下方；

◆　把必需的制图工具及仪器放在适当的位置，准备开始绘图。

2. 绘制底稿

◆　分析平面图形，确认各图尺寸，拟定作图顺序；

◆ 铅笔画底稿，轻而细，不用擦，用笔一般用 2H ～ HB；

◆ 绘图程序：先左后右，先上后下，先水平线后垂直线，先曲线后直线。绘制完成用一张干净的拷贝纸盖住图面，避免在制图过程中污损整个图面。

3. 用制图仪器与工具给图样上墨及加深

同类线型宽度粗细一致，按线宽分批加深。

4. 复核

用刀片对错误线条进行修正。

5. 完成制图

将图幅、图框线画出来，修图，擦干净，裁图、交图。

【活动评价】（表 2-4）

表 2-4

	评分项目	学生自评	小组评定	教师评分	平均分	总评分
评分细项（50%）	起笔收笔					
	图线粗细					
	图线间距					
整体版面（50%）						
签名						

【知识链接】

1. 线条的粗细，可以产生凹凸的变化；

2. 线条的长短，可以产生丰富的节奏变化；

3. 线条的深浅和疏密，可以产生空间的变化；

4. 线条的刚柔和缓急，可以产生丰富的情感变化；

5. 线条在表现情感方面的用法和规律。

【想一想】

在 80×80 的方格子里，你还能利用线条的粗细、长短、深浅、疏密、直与曲等特性，创造出什么样的图像来？

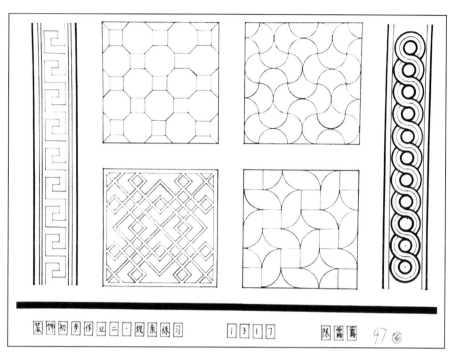

图 2-29　曲线练习

任务 4　绘写建筑美术字体

【任务描述】

　　通过对指定的黑体字、扁宋体字、仿宋字、拉丁字母、阿拉伯数字等字体的书写，熟悉和掌握常用建筑美术字体基本特征和笔画组合，掌握字体设计的表现方法和领会其基本思维。要求绘写的字体端正、整齐美观，能够简洁、直观、准确地将更多信息以视觉美的形式表现出来的字体形式。

【任务实施】

　　1. 字体练习任务书，如图 2-30 所示；

　　2. 通过对指定黑体字、扁宋体字、仿宋字、拉丁字母、数字等字体的书写，熟悉和掌握常用建筑美术字体基本特征和笔画组合，掌握字体绘写的步骤与方法，准确地将更多信息以视觉美的形式表现出来。

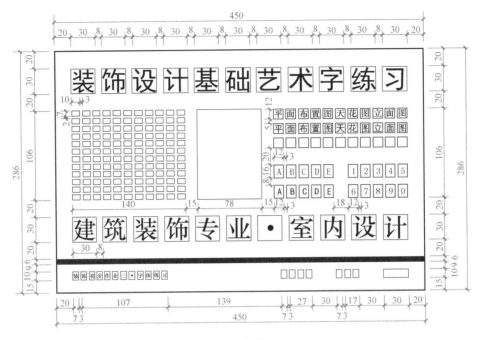

图 2-30　字体练习

3. 按任务书标注尺寸打好格子，在格子范围内书写以下字体，如图 2-31 所示。

◆　标注（1）处：必须用黑体字写"装饰设计基础艺术字练习"。

◆　标注（2）处：必须用扁宋体字书写。书写内容可参照以下文字（不写标点符号）：

《埏埴以为器，当其无，有器之用。凿户牖以为室，当其无，有室之用。》和泥制作陶器，有了器具中空的地方，才有器皿的作用；开凿门窗建造房屋，有了门窗四壁内的空虚部分，才有房屋的作用。功能第一形式第二。以人为本人性化设计。用最少的投入来最大化的美化和利用现有空间。一二三四五六七八九。

◆　标注（3）处：请仿照图 2-32 所示，在框内用三种变形字设计自己的名字，字体大小及样式自定。

◆　标注（4）处：请分别按照样板书，用宋体字、黑体字、自选字体（楷体等）三种方式书写"平面布置图天花图立面图"。

◆　标注（5）、（6）处：按任务书所示的样板或者另外设计阿拉伯数字和拉丁字母。

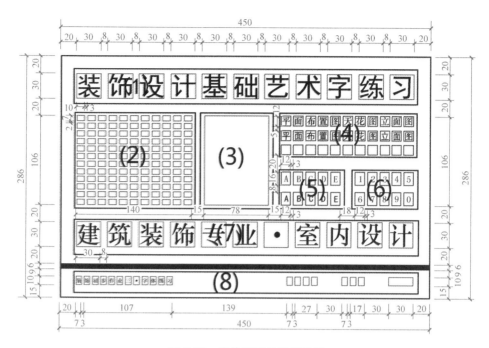

图 2-31　字体练习任务书解析

图 2-32　变形字范例

◆　标注（7）处：请用宋体字书写"建筑装饰专业·室内设计"。

◆　标注（8）处：请用长仿宋字书写作业名称、班级、姓名、学号。

【学习支持】

1. 黑体字

（1）黑体字又称等线体字，笔画单纯，粗细一致，起笔收笔均呈方形，具有结构严谨、庄重有力、朴素大方、视觉效果强烈等特点，适合用于标题等需要醒目、突出的文字。

（2）黑体字的基本笔画要求，见表2-5。

黑体字基本笔画 表2-5

一	横	与字格上下平行（个别例外），二端方正，粗约为字高1/10	六	左斜点	形状与右斜点，只是上端向左斜
十	竖	与字格左右边平行（个别例外），二端方正，粗约为字宽1/10	江	挑点	起端方正，向右上作挑，末端上角锐，下角钝，较大的字此笔略带弧形，小字则成直线
厂	竖撇	起端方正，上半部竖直，下半部渐向左下斜成弧形，末端左角锐，右角钝（其他撇划的起末端均与竖撇相同）	抬	挑	形状似挑点，在不同部位其倾斜度亦异
心	斜撇	整笔向左下方斜成弧形，弧度视笔画长短和部位而定，短斜撇近乎直线	水	竖钩	相当于在竖划下加钩，钩与竖划约成直角，圆滑连接，钩向左方，末端上角锐，下角钝
十	平撇	整笔成弧形，左部近似水平，右部略向上弯	往	左弯钩	成弓形弯曲，向右凸出，钩与字格诋连来等，起端方正，末端同竖锐
又	斜捺	起端方正，起秋后渐向右下方任重道远成弧形，末端右角锐，左角钝（其他捺划的起末端均与斜捺同）	戈	右弯钩	与左弯钩方向相反，钩向右上方，左角锐，右角钝
汗	平捺	左部向上弯成弧形，右部约与字格底边平行	化	竖平钩	横竖圆滑相连，在横部右端向右上方作钩
八	顿捺	与斜捺相似，唯起笔处略露顿角	刀	折弯钩	樱花竖相接不露棱角，下部略向左下方，钩形与左弯钩同
心	右斜点	二端方正，上端向右斜较长的点略成弧形，较短的点写成矩形	乙	折平钩	斜折与平钩圆滑连接而成，钩形同竖平钩

2. 宋体字

（1）宋体，或称明体，是为适应印刷术而出现的一种汉字字体。宋体字的字形方正，笔画横平竖直，横细竖粗，棱角分明，结构严谨，整齐均匀，有极强的笔画规律性，从而使人在阅读时有一种舒适醒目的感觉。在现代印刷中主要用于书刊或报纸的正文部分。

（2）宋体字的笔画可分为横、竖、撇、捺、点、挑、折、钩八类。每一笔每一划都有它的要求，见表2-6。

宋体字基本笔画 表 2-6

一	横	与字格上下边平行（个别例外），粗约为字高的 1/50-1/20，起笔齐头，收笔成直角三角形，基宽约为字宽的 1/6	六	左斜点	形同右斜点，只是向左倾斜
十	竖	与字格左右边平行（个别例外）。粗为字宽的 1/8-1/15，上端向右突出一棱角，下端向右上方斜成弧形	江	挑点	相当在左斜点右上方加长挑，彼此圆滑相连
厂	竖撇	上半部与竖划同，下半部渐向左下方成弧形收细变尖	抬	挑	拟楔形，在不同部位倾斜度亦异
乂	斜撇	整笔向左下方呈弧形弯曲，起笔向右突出一棱角，收笔渐细至尖	水	竖钩	在竖划末端向左作钩，钩的上边与竖划垂直，左下边为内凹弧线，钩长约同竖粗
千	平撇	自右向左由粗变尖，上边略向下凹，下边右部近似水平直线，右部略向上弯	狂	左弯钩	起笔尖细，向下成弓形弯曲并渐变粗，钩形似竖钩
又	斜捺	起笔尖锐，下部粗壮，整笔向右下方斜成弧形，捺底略内凹，左角钝、右角锐	戈	右弯钩	起笔同竖划，向右下方渐弯成弧形，钩朝向右上方
迁	平捺	起端细，略向左上翘，右部约与字格底边平行，捺底稍内凹，上角锐，下角钝	化	竖平钩	横竖等粗圆滑相连，在横部的右端向上方作钩
八	顿捺	起笔处作一棱角向右突出，下部与斜捺写法同	刀	折弯钩	横竖相接，转角处作一棱角，下部渐向左下方弯曲。末端向左作钩，钩似竖钩
心	右斜点	形似瓜子，全以弧形连接，上尖下圆，向左倾斜	乙	折平钩	横竖带棱锐角相接，成斜折，下部与等粗底划圆滑相接，末端向右上方作钩

3. 变形字

变形字体是在基本字体的基础上进行装饰、变化、加工而成的。它的特征是在一定程度上摆脱了基本字体的字形和笔画的约束，根据文字内容，运用丰富的想象力，灵活地重新组织字形，作较大的自由变化，使文字的精神含义得到加强和富于感染力如图 2-33。其风格比较生动、活泼、轻松，运笔多变化。下面介绍变形字基本规律和绘写方法。

图 2-33 艺术字展现的坏小孩和老太婆

（1）变化的准则

1）从内容出发

创意字体的设计只有从内容出发，做到艺术形式与文字内容的完美统一，才能达到加强文字的精神含义和富于感染力的效果。

2）易于辨认

创意字体虽可以作较大限度的变化，但对文字的结构和基本笔画的变动仍应符合人们认字的习惯，在应用上一般只宜用在字数较少的名称或短句上。

3）统一和完整

正因为创意字体的变化比较自由，强调字与字之间的统一与完整就显得特别重要。

（2）变形的手法

1）外形变化

汉字的外形是单独的方块，俗称方块字，因此，创意字体的外形变化最适宜于正方形、长方形、扁方形和斜方形等。在排列上可以横排，也可以竖排，还可以作斜形、放射形、波浪形和其他形状的排列。但无论怎样排列，都要有规律，否则会感觉零乱松散。如图 2-34"江河湖海"和图 2-35"变

图 2-34　波浪形变化

图 2-35　外形变化

形金刚"四字，一个是模拟水纹样式作波浪形变化，一个是模拟变形金刚头盔的形式对字体进行变化而来。

2）笔画变化

笔画变化的主要对象是点、撇、捺、挑、钩等副笔画，它们的变化灵活多样，而横竖的变化较少，一般只在笔画的长短粗细上稍作变化。因此，掌握好笔画的变化，主要是注意副笔画的变化。在笔画变化中，还要注意一定的规律和协调一致，不能变得过分繁杂或形态太多，否则会造成五花八门，软弱无力的弊病，反而使人感到厌烦，失去了字体设计的意义，如图 2-36 的"小步舞曲"把每个字的一个笔画换成抽象的音符、鞋子和人体的舞姿，既简洁又形象。

图 2-36　笔画穿梭变化

3）结构变化

即有意识地把字的部分笔画进行夸大、缩小，或者移动位置，改变字的重心，使构图更加紧凑，字形更别致，收到新颖醒目的效果，如图 2-37 的"解"字就借助外力把刀和牛分开，使得整个字更加形象。

图 2-37　结构变化

4. 拉丁字母和阿拉伯数字

（1）英文字母

1）字母的写法和笔顺

英文大写字母和小写字母的线条都是自上而下，从左向右书写的，圆形的线条要用两笔接上。a、s、g 是小写字母中最难写的，要注意它们的匀称和稳定。大写字母与小写字母一起绘写时，大写字母的上端与顶端看齐或稍低一些，下端与基线看齐。详见图 2-38。

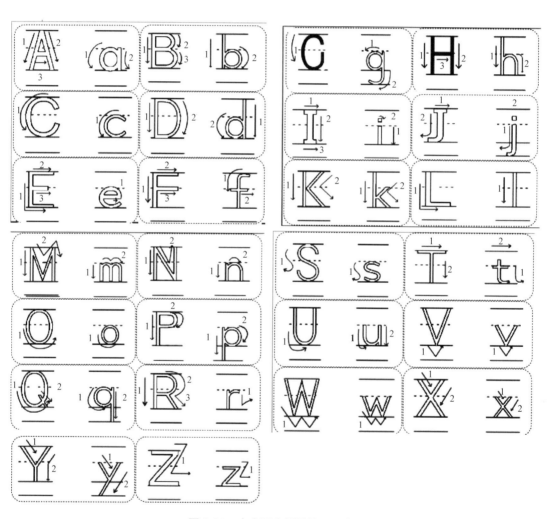

图 2-38　大小写字母的笔画顺序

2）斜体字母的写法

斜体是从能快速书写的书写体发展来的，其风格活泼流畅、柔和秀丽，好像汉字中的行书。它的特征是字母向右倾斜，字形比正体瘦长，带有圆意。如图 2-39 所示。

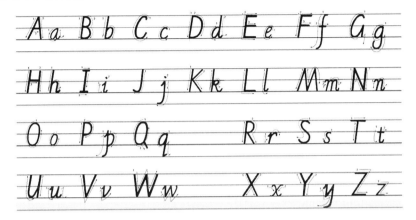

图 2-39　斜体字母的笔画顺序

（2）阿拉伯数字

1）笔画特点：1 是线形字，4 和 7 是三角形字，都是字形比较小的，应把 1 加粗些，4 的三角画大些，7 的斜笔向下闯出些。2、3、5 三个字的圆形面积不是相等的，上面的圆形 2 比 3 大，下面的圆形 3 比 5 小。0 要与字母中的 O 有所区别，字形要窄一些。

2）书写顺序，如图 2-40 所示。

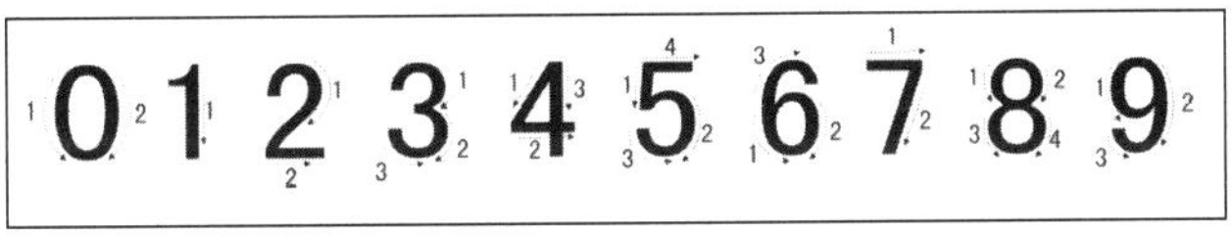

0 1 2 3 4 5 6 7 8 9

图 2-40　阿拉伯数字的笔画顺序

【学习提示】

汉字的结构由点线（笔画）组合而成。在点和线的组合之中存在着力的呼应和对比，线条之间的相互呼应产生了文字的生命力，而对比的作用在于产生变化，形成节奏和韵律，只有当成组的线条按照一定的规律和视觉心理构成完美的整体时，才能产生优美和谐富有艺术感染力的字体。在绘写字体时需要注意以下几点：

1. 上紧下松

进行字体设计时，要把中心定在画面的视觉中心上，使字的上半部紧凑些，下半部宽畅些，才符合审美心理的需要。

2. 横细竖粗

在汉字中，横画多于竖画，在书写上就形成了横细竖粗。宋体横画细，竖画粗，最为明显。黑体虽是所有笔画粗细一致，但实际上横画要比竖画稍细一点。

3. 主副笔画

在汉字中起支撑作用的叫主笔画，不起支撑作用的叫副笔画。一般来说，横竖笔画为主笔画，也有些字不以横竖笔画为主笔画，也可以在其他笔画中找出主次关系；此外，一般主笔画变化较少，副笔画变化灵活，借以调节空间，使构图紧凑。

4. 穿插呼应

汉字一般有：上下结构、上中下结构、左右结构、左中右结构、上下左右结构、全包围或半包围结构、穿插结构。汉字要写得美观，除了要写好基本笔画，间架结构更要讲究，也就是要研究字形的比例与分割。

5. 均匀稳定

利用错觉现象来解决大小一致、黑白均匀和重心平稳三方面的问题，以达到在字体绘写要求的视觉上的整齐统一。字体设计中的错觉现象会引起重心不稳的现象，应当注意调整，在绘写时讲中心摆得左右平衡，上下垂直，使整行整幅的字整齐统一，均匀稳定。

【实践活动】

1. 准备工作

（1）仔细研读任务书，尤其是尺寸标注，选定书写的图纸图幅；

（2）图板、丁字尺、三角板、画图桌、笔等绘图仪器及工具擦拭干净；

（3）固定图纸。一般固定在绘图板的左下方；

（4）把必需的制图工具及仪器放在适当的位置，准备开始书写美术字体。

2. 打格子，保证字体结构匀称

（1）分析任务书，明确书写字体的样式和字体大小要求，拟定书写顺序。

（2）按照任务书的尺寸要求，用铅笔打田字格或米字格，格子的线条绘制的线条应该轻而细；用笔一般用 2H ～ HB。

（3）打格子的顺序：先左后右，先上后下，绘制完成用一张干净的拷贝纸盖住图面，避免在制图过程中污损整个图面。

3. 单线起稿

（1）根据字体笔画知识，按任务书的字体要求先用单线起稿（以黑体字为例），铅笔底稿书写之前，应观察该类字体的基本特征、基本笔画、字体结构等，在田字格想好字体笔画的分布，再进行书写，如图 2-41 所示。

（2）单线起稿时应该逐类字体完成，任务书制定的字体必须严格按照要求书写，如果要求自己创造变形字体，则应该按照变形字的变形手法先设计字体的大小、版面和字形，如图 2-42 所示。

图 2-41　打格子　　　　　图 2-42　单线起稿

4. 双钩笔画轮廓及上墨

如果是小的字体，用大号的笔进行描绘细化，如果是大号的、标题性的字体，则应该用笔在单线的两侧进行笔画轮廓的勾绘，勾画完成后再将字体描涂上墨，如图 2-43、图 2-44 所示。

图 2-43　双线起稿　　　　　图 2-44　上墨

5. 逐类字体完成后，仔细复核，有错误的地方用刀片进行修正。

6. 用墨线笔对指定的字体格子进行上色。格子内部的铅笔线条则用橡皮擦统一擦去。

7. 完成字体练习：将图幅、图框线画出来，修图，擦干净，裁图、交图。

【活动评价】（表 2-7）

表 2-7

	评分项目	学生自评	小组评定	教师评分	平均分	总评分
评分细项（50%）	仿宋字					
	黑体字					
	美术字					
整体版面（50%）（布局合理，不脏不乱）						
签名						

【知识链接】

1. 文字的起源：文字是从图形符号中分离、演变出来的。原始记事方法有结绳记事和契刻记事。

2. 字体设计的发展趋势：

（1）对手工艺时代字体设计和制作风格的回归，使字体表现出一种特定的韵味；

（2）对各种历史上曾经流行过的字体设计风格的改造；

3. 拉丁字母的基本字体；

4. 字体平面构图；

5. Pop 字体。

【写一写】

1. 选用一种字体（黑体、宋体或其他字体）摹写自己的姓名，然后在基本字体的基础上，对自己的姓名进行创意字体设计；

2. 在阿拉伯数字和拉丁字母中选择一组进行创意字体的设计。

【优秀作品展示与评价】

[作品一]

黑体字结构不均，扁宋字笔画横平竖直，棱角分明，结构严谨。变形字有极强的笔画规律性，整体图面字体端正，整齐美观，给人舒适美观感，如

图 2-45 所示。

图 2-45 字体练习（1）

[作品二]

黑体字结构严谨，庄重有力，数字与字母笔画宽窄适中，变形字有极强的笔画规律性。整体图面朴素大方，使人在阅读时有一种舒适醒目的感觉，如图 2-46 所示。

图 2-46 字体练习（2）

项目 3
配景配图

【项目概述】

　　本项目要求学生熟悉家居常用的家具尺寸及形体；掌握配景、配图、家具的手绘方法；学会画面构图，配景、配图和家具的形态表现，如图3-1所示；通过反复的徒手练习及画面构图的训练，能较好地完成建筑装饰室内配景与配图综合练习，为进一步学习设计奠定基础。

图3-1　家具的形态

任务 1　家居常用的家具尺寸及形体

【任务描述】

　　学生以小组为单位，自备纸笔，照相工具，测量工具，在实训场地或者家具销售点参观与调查，并对家居常用的家具进行现场测量和徒手绘制，要求学生通过现场观察实物，熟悉家居常用的家具尺寸及形体，了解家居常用家具的种类与形态特征，对实物形成形体与比例的基本概念，为配景配图搜集资料与素材。

【任务实施】

1. 学生 3 ~ 5 人分小组进行家具的选择和实地测量，用笔记录家具详细尺寸，每组要求记录至少 10 种家具；

2. 选择具有代表性的家居常用家具，观察其风格特点和形体特征；

3. 选择合适的角度观察家具，包括外形特征，各部分的形体比例，所在的透视角度；

4. 简单绘制出家具的形体或者对家具进行拍照记录；

5. 课后分小组整理资料，完善任务成果。

【学习支持】

1. 家居常用家具（床、柜、桌、椅、几、台、沙发、屏风、博古架）

家居常用的家具认知：

1）起居室

常用家具：沙发、茶几、电视柜、储物（装饰）柜架，主要认知家具是沙发茶几，如图 3-2 所示。

图 3-2　起居室常用家具

2）餐厅

常用家具：餐桌椅、餐柜、储物柜，主要认知家具是餐桌椅，如图3-3所示。

图3-3　餐厅常用家具

3）卧室

常用家具：床、衣柜、梳妆台、书桌椅，主要认知家具是床，如图3-4所示。

图3-4　卧室常用家具

4）厨房

常用家具：橱柜、餐桌椅、储物柜、操作台、吧台，主要认知家具是橱柜，如图3-5所示。

图 3-5 厨房常用家具

5）卫生间

常用设备：坐（蹲）便器、洗手盆（台）、浴缸，主要认知的设备有洗手盆、坐（蹲）便器、浴缸，如图 3-6 所示。

图 3-6 卫生间常用设备

2. 家居常用家具及尺寸

（1）沙发的常规尺寸及外形特征参考，如图 3-7 所示。

图 3-7　沙发的常规尺寸及外形特征

（2）餐桌椅的常规尺寸及外形特征参考，如图 3-8 所示。

图 3-8　餐桌椅的常规尺寸及外形特征

（3）床的常规尺寸及外形特征参考，如图 3-9 所示。

图 3-9　床的常规尺寸及外形特征

3.家具的表现与透视

通过正确的透视理念与方法来正确表现家具的形体和空间感，如图 3-10 所示。

图 3-10　家具的表现与透视

（1）平行透视：平行透视又叫一点透视、焦点透视，它是最常用的透视形式，也是最基本的作图方式之一，如图 3-11 所示。

图 3-11　平行透视

（2）成角透视：画面中所有的平行线分别向左右汇集消失在视平线上，成两个灭点。因矩形空间和物体与画者视线呈夹角状，所以也称作成角透视。常用于表现局部空间或小范围的画面，是室内建筑表现常用的透视方法，如图 3-12 所示。

图 3-12　成角透视

【学习提示】

1.同类家具，由于材质、风格的不同，其外形与尺寸差异会比较大，尤其是坐卧类家具，注意家具尺寸的弹性范围和外形透视的把握；

2.家居常用家具的摆放规律与周围的配图配景的观察与记录；

3.速写记录或者照相记录时注意选择好站立的角度和距离，能让家具的最佳形态表现出来。

【实践活动】

1.对家具进行现场测量、分类；

2.徒手绘制客厅、卧室、书房的家具配图；

3.现场来不及完成的配图，可以用照相器材记录。

【活动评价】（表 3-1）

表 3-1

活动评价表	评分项目	学生自评	小组评定	教师评分	平均分	总评分
评分细项（50%）	现场调查					
	资料收集					
	家具形态表现					
整体版面（50%）						
签名						

【知识链接】

家具的类型

1.根据功能分类：坐卧性家具、贮存性家具、凭倚性家具、陈列性家具、装饰性家具；

2.根据结构形式分类：框架结构家具、板式家具拆装家具、折叠家具、冲压式家具、充气家具、多功能组合家具；

3.根据使用材料分类：木、藤、竹质家具，塑料家具，金属家具，石材家具，复合家具。

【记一记】

常见家具及配景配图的类别及形体表现方法，如图 3-13 所示；积累和更新素材是其从业过程中需长期坚持的工作方式。

图 3-13　常见家具及配图

任务 2　配景、配图、家具的手绘方法

【任务描述】

　　学生将通过实施"任务 1"而采集回来的素材进行整理后，用于实施本次任务；徒手绘制家具图。然后由老师再进行示范，展示配景、配图、家具的绘制方法，巩固学生的知识点、面。最后学生可以借助课本，参考资料，多媒体设备播放图片等形式用临摹图片的方法进行抄绘训练；了解不同的配景配图、家具的画法，进而可以能够熟练地默写，以便能够灵活、生动地将它们描绘出来。掌握陈设单体和组合的绘制要点，能够快速的表现家具配景的形体比例及透视关系，如图 3-14 所示。

图 3-14　常见家具配图手绘方法

【任务实施】

1. 学生自己先将采集回来的素材整理好后，进行徒手绘画，在通过自己绘画的绘画过程中，初步了解单体家具的画法，如图 3-15 所示。

图 3-15　根据家具尺寸和形态徒手绘制

2. 在绘画单体物体的时候可以从左到右、从上到下，先画前面的线或物体，后画被遮住的线或物体，这是把握空间关系的好方法，在绘画单体或组合物体的时候需注意线条的流畅，有虚实、粗短变化，运用线的曲直来表现物体的质感。如图 3-16 所示。

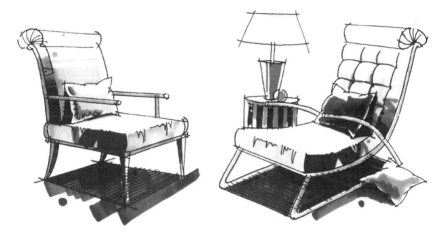

图 3-16　运用线的曲直来表现物体的质感

3. 教师进行示范，展示单体家具或组合家具的绘制步骤、方法，让学生更加牢固的记忆绘制家具的步骤与方法，如图 3-17、图 3-18 所示。

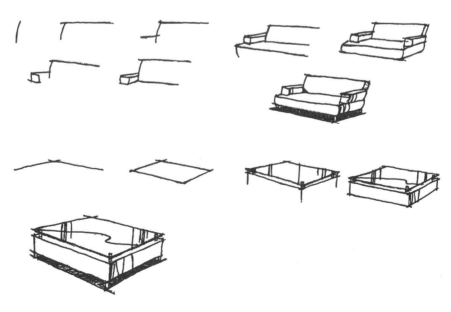

(a)

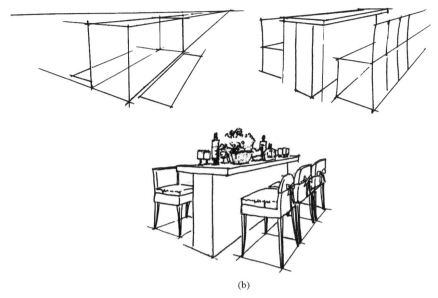

(b)

图 3-17　绘制家具的步骤

(a) 单体家具绘制步骤；(b) 组合家具绘制步骤

图 3-18　陈设品的手绘表现

4. 学生进行临摹优秀作品，通过临摹以便能够灵活、生动地将它们描绘出来；同时也在临摹的过程中，不断地积累经验，找到空间透视的规律。

【学习支持】

透视基础

常用透视原理分解

（1）一点透视（平行透视）

1）画面中只有唯一一个消失点如图 3-19 所示。

2）画面中所有的横向线平行于纸的横边，所有的竖线垂直于纸的横边。

3）画面中所有的斜线都经过消失点。

4）画面进深长度目测。

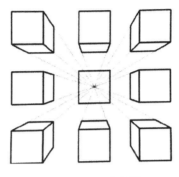

图 3-19　一点透视

（2）两点透视的快速画法（成角透视）

1）画面中有左、右两个消失点，而且这两个消失点在同一条水平直线上，如图 3-20 所示。

2）画面中所有向左倾斜的线过左消失点，所有向右倾斜的线过右消失点，所有竖线垂直于纸的横边。

3）画面进深长度目测。

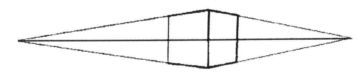

图 3-20　成角透视

（3）透视图形的分割与延长

1）对角线等分法：在绘制透视图的过程中，如果遇到需要等分的面，可以用对角线等分法快速绘制，不必再用透视法求得，如图 3-21 所示。

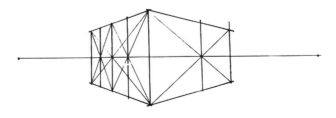

图 3-21　通过对角线进行等分

2）对角线等分的延续：按照下面的画法，使用对角线等分法还可以延续界面，如图 3-22 所示。

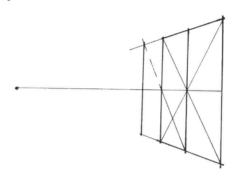

图 3-22　对角线延续界面

3）任意等分分割法：通过对角与垂直等高分割线的交点进行等分，如图 3-23 所示。

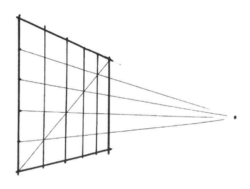

图 3-23　任意等分分割

（4）圆形透视

圆形与正方形的平面关系如图 3-24 所示，圆形与正方形的透视关系如图 3-25、图 3-26 所示。

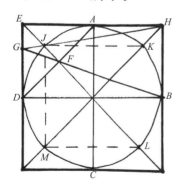

图 3-24　圆与正方形的平面关系

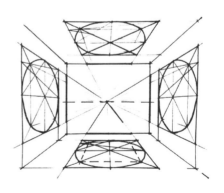

图 3-25　圆的平行透视

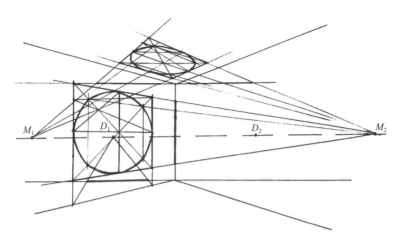

图 3-26　圆的成角透视

【学习提示】

1. 注意物体的基本形态，从整体出发把握物体的透视关系。将家具概括成几何形体是一种比较好的办法，如图 3-27 所示。

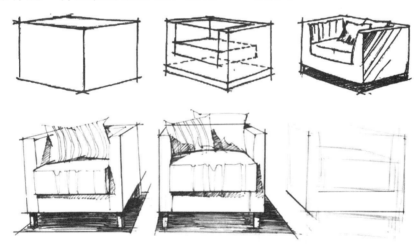

图 3-27　物体的透视关系

2. 画好单体是画好室内空间的基础，任何复杂空间都是由多个单体组成的。

室内空间中常见单体有沙发、床、桌子、椅子、花瓶等。单体具有不同的造型和不同的质感，在绘制时应仔细观察，并对形体进行分析和理解，掌握整体的观察方法，从整体中把握每根线条的长短和透视方向，准确而形象地将形体表现出来。

练习单体线描的时候如图 3-28 所示，家具的透视尽量徒手去画，要着重训练眼与手的协调配合能力，提高视觉透视的能力，锻炼敏感的观察力和熟练的手绘技巧。

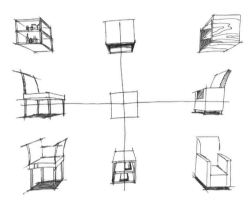

图 3-28　徒手绘制家具

【实践活动】

根据单体家具或组合家具的绘制步骤、方法，徒手绘制 10 种不同款式的常用家具，如图 3-29 所示。

图 3-29　不同款式的常用家具

1.临摹 10 盏不同款式的灯具，如图 3-30 所示。

图 3-30　不同款式的灯具

2.临摹 10 套不同款式的家具，如图 3-31 所示。

(a)

(b)

图 3-31　不同款式的家居组合

3. 临摹 10 个不同款式的陈设品，如图 3-32 所示。

(a)

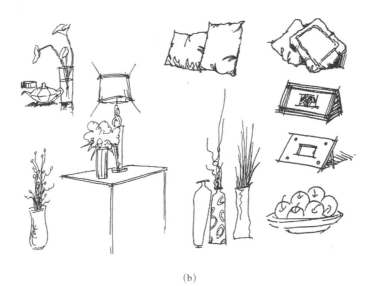

(b)

图 3-32　不同款式陈设品

【活动评价】（表 3-2）

表 3-2

活动评价表	评分项目	学生自评	小组评定	教师评分	平均分	总评分
评分细项（50%）	家具单体绘制					
	家具组合体绘制					
	形体比例及透视					
整体版面（50%）						
签名						

【知识链接】

手绘临摹技巧

1. 学会如何看

通过临摹可以学会如何看，一是看透视处理；二是看作者的设计表现手法。看装饰实例照片时也可以揣摩摄影者为什么取这样的拍摄角度，这样的角度对室内外空间的阐述有什么积极的作用。总之，通过在临摹中对透视处理的揣摩，可以培养练习者的透视感觉，提高练习者对空间感和立体感的把握能力，从而增强处理透视表现的能力。在临摹过程中，还要认真看作者在作品中的一些装饰表现手法：如不同摆设、不同装饰构件、不同装饰材质的表现处理，作者在这些地方的线条组织、块面转换、明暗关系等方面是如何处理的，有何独特之处，通过借鉴我们可以不断地积累自己的经验。所以，对于装饰专业的学生来说，"看"是非常重要的，在临摹首先要学会看，要看懂、看明白，如图 3-33 所示。

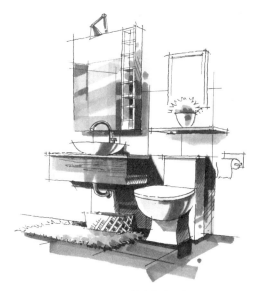

图 3-33　学会如何看

2. 学会如何画

看明白了，还要会画，手绘临摹的目的是为了学会如何画，是为了锻炼自己独立作画的能力。因此要快速绘制出图形，就要靠平时训练及临摹时的积累，有了平时的积淀，下笔时就能做到快而准。另一方面是要善于运用不同的表现手法来进行快速表现，如不同线条的组织、不同明暗的处理、不同材质的表现等，这就需要在通过临摹汲取别人经验的基础上融会贯通，把所学、所练的东西内化为自己的经验积累，如图 3-34 所示。

图 3-34　学会如何画

3. 空间、比例关系的练习

通过临摹还可以达到对空间关系和比例关系的训练目的。通过临摹就能使练习者对不同物体的大小比例关系和空间位置关系等要有良好的判断和感觉，绘制出准确的空间、比例关系，如图 3-35 所示，在这些方面的能力上得到提高。

图 3-35　不同椅子的空间比例关系

【练一练】

1. 盆花、植物等陈设品，如图 3-36 所示。

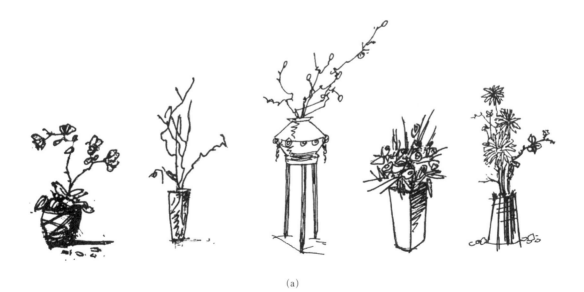

(a)

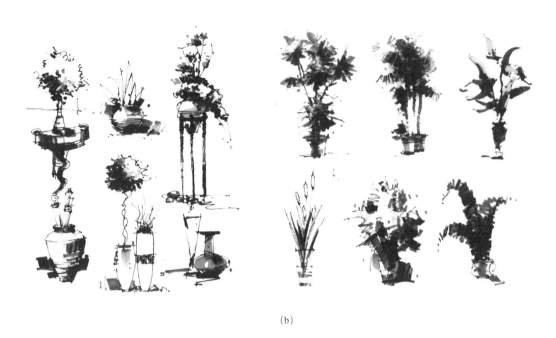

(b)

图 3-36　手绘盆花、植物等陈设品

2. 人物，如图 3-37 所示。

图 3-37　人物

任务 3　画面构图，配景、配图和家具的形态表现

【任务描述】

单体训练之后，在熟悉单体配景配图的基础上，选择一种主要家具进行配景配图的组合训练与表现，并注意组合的大小、主体、构图等的表现。通过展示一些空间构图的案例，让学生知道构图时应该注意主体物的位置、大小、画面的稳定性以及主体物间的遮挡关系。

【任务实施】

注意主次物体的搭配关系。配图的主要物体一般比较大，占据主要位置，其他的配图起到辅助作用，根据各自的形态特征进行合理搭配，首先注意物体的功能组合，不相关的配图不必放入，其次要注意形态的组合搭配，注意高低错落、疏密、画面的稳定感等，如图 3-38 所示。

图 3-38　主次物体的搭配关系

1. 展示主体物在空间的位置。比较容易出现的问题是主体物太居中，把画面左右等分，呆板不自然、然后是主体物太过于偏上或偏下、太左或太

右。如图 3-39 所示。

图 3-39　主物体不突出

2. 展示画面的稳定感，如图 3-40 所示。

图 3-40　通过形状、面积、高矮、疏密等手法达到画面的均衡感

3. 物体间相互遮挡的关系，如图 3-41 所示。

图 3-41　物体的前后遮挡关系

4. 常见的配景配图组合，如图 3-42 所示。

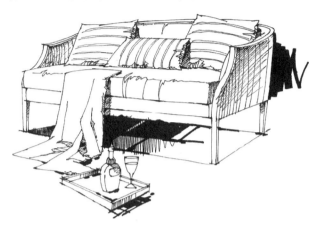

图 3-42　常见配景组合

【学习支持】

1. 视点、视平线的选择定位：正确的透视要根据设计的重点来决定画面的构图形式以及视点的选择。正常情况视点高度确定在 0.8 ～ 1.2m 之间，但是要根据实际的情况灵活使用。如图 3-43 所示。

图 3-43　不同角度的椅子表现

2. 低视点视图采用的视平线高度一般低于人眼的高度，即在画面的约三分之一的高度。这种取景方式适合表现局部细致的场景。如图 3-44 所示。

3. 中高视点视图，采用这种取景方式可以表现局部的设计，还可以不被视角所限，能表现设计的大环境和比较大的场景。如图 3-45 所示。

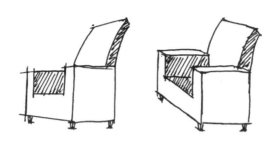

图 3-44　不同的视点的家具

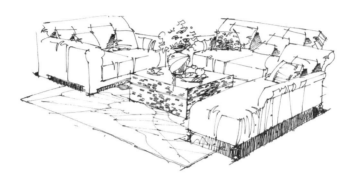

图 3-45　中高视点

4. 灭点定在画面偏左位置，在重点表现画面靠右的部分。如图 3-46 所示。

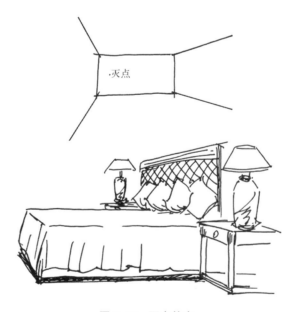

图 3-46　灭点偏左

【学习提示】

1. 线条不要过于草率，否则画面太过于轻浮，缺乏安全感；

2.透视的正确表现；

3.注意画面的对比，大小对比，疏密对比，黑白对比，远近对比，主次对比等等；

4.注意阴影、投影等细节的添加，能增添画面的空间感。

【实践活动】

1.徒手表现家具的比例及透视；

2.徒手表现家居相应的陈设品及装饰品；

3.徒手表现家具色彩基调及明暗关系；

4.画 10 张家具小草图；

5.画 15 张家居常用家具的空间构图。

【活动评价】（表 3-3）

表 3-3

	评分项目	学生自评	小组评定	教师评分	平均分	总评分
评分细项（50%）	态度认真					
	积极性					
	效率					
整体版面（50%）						
签名						

【知识链接】

线条的特性与画法

1. 不同的线条组织（图 3-47 ~ 图 3-49）

图 3-47　单线条可以用来表现各种物质的轮廓

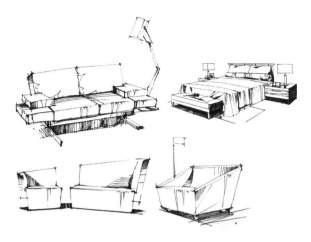

图 3-48　排列的水平线和垂直线可以表现结构的面

图 3-49　重叠变化的不规则线条可以表现各种植物的自然形态

2. 线条的材质表现（图 3-50）

图 3-50　不同材质的线条表现

3. 线条的气氛表现

线条在物体上运用的线型以及绘制过程中体现的轻、重、缓、急，所获得的效果是不一样的。直线多的画面感觉严谨，如图 3-51 所示，曲线多的画面感觉活泼，如图 3-52 所示。

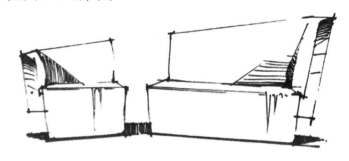

图 3-51　直线感觉画面严谨

图 3-52　曲线感觉画面活泼

4. 线条的明暗光影表现（图 3-53）

图 3-53　线条的明暗光影表现

【练一练】（图 3-54）

图 3-54　柜子的形态特征表现

任务 4　建筑装饰室内配景与配图（综合练习）

【任务描述】

　　经过单体和组合物体的练习之后，进入综合练习环节。将之前搜集的室内各种配景配图素材整理，完成一个室内设计配景配图的综合练习，见图 3-55；能比较快速地对室内常用配景配图进行表现，初步形成敏捷的设计思路及现场图样绘制，能简单地表达出配景配图的风格特征及色彩特征。

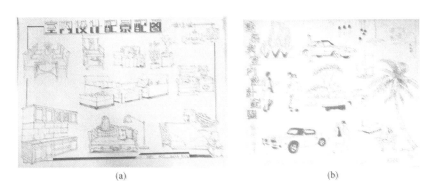

图 3-55　配景配图综合练习样例

【任务实施】

1. 前期准备：包括工具准备，固定画纸，构思。整理前面任务所练习的配景配图，选出十种搭配绘制草图，注意各配景的形体特征与相邻位置的协调关系，如图 3-56 所示。

图 3-56　配景的形体特征与相邻位置的协调

2. 设计图框与标题

注意标题的位置与图面美感，图框易简洁大方，标题清晰明确，字体不要求，但一般不宜过于纤细，以楷体为佳，常用标题字体参考如图 3-57 所示。

3. 在图纸上绘制图框，摆放标题

配景配图排版，绘制配景配图的草图，注意各物体的数量、大小、方向的确定以及画面的整体构图处理，如

室内设计配景配图
室内設計配景配图
室内设计配景配图
室内设计配景配图
室内设计配景配图

图 3-57　常用标题字体参考

图 3-58 所示；绘制配景配图，配图包含常用类别，比如家具、配载植物、灯具、人物等，每个类别自选种类与风格。

图 3-58　配景配图的选择和搭配

4. 自己设计图框，画面安排合理，配景配图数量、大小设置合理，图面有一定美感；可用黑白表现，也可用马克笔表现。

5. 整理画面，学生互评与老师点评。

【学习支持】

构图知识

1. 线的形式美

"线"是客观存在的视觉现象，又是构图的基本视觉要素，它在构图中可以分割画面，制造面积，产生节奏，表达多种象征性种功能。线的性格表现为：粗线强劲，细线纤弱；曲线柔情，直线刚直；浓线重，淡线轻；实线静，虚线动。

2. 均衡感

画面均衡是指经过艺术处理的画面构图所具有的那种稳定、完整、和谐的感觉。均衡不等于分配，把主体置于中间，或者对称排列，这样虽然均衡了，虽然有稳定感，但太过呆板，缺少变化。构图的均衡，绝对不是对称的，而是对立统一关系，过分追求绝对对称，会使画面毫无活泼的气息。在画面布局中，影响均衡的因素很多，如物体在画面中的位置、大小、数量、形状、走向，运动物体的方向，影调的深浅，色彩的浓淡等。如图 3-59 所示。

图 3-59　物体的位置、大小、数量、形状、走向等影响画面的均衡

3. 重叠与聚散

处理好多个物体之间重叠与聚散的关系，使画面看起来更加有趣味性。如图 3-60 所示。

图 3-60　多个物体的重叠与聚散

4. 对比与调和

画面的对比可以让画面更加生动和突出，对比可以采用大小、远近、曲

直、明暗、疏密等等来体现，对比的同时，还得注意画面的统一协调感。如图 3-61 所示。

图 3-61　线条长短、曲直的对比

【学习提示】

1. 幅面样式选择

在图面表现时，首先应根据所选室内场景的空间尺度、环境特点等因素决定其幅面样式。常见的幅面样式有方形式、横向式和竖向式之分。方形构图适宜表现空间的局部或高度和宽度相近的空间，画面显得大气沉稳；横向式构图适宜绝大多数空间场景的表现，画面元素呈现安定平稳之感，使室内场景显得开阔舒展；竖向式构图适宜表现纵深感较强、竖向空间尺度较高的室内场景，它呈现高耸上升之势，使空间显得雄伟、挺拔，充满气势。

2. 配景配图表现容易出现的问题分析

（1）没有墨线，或者墨线过于清淡，画面模糊不清晰；

（2）透视不准确，物体离视点过近，变形会过于夸张，不符合平常的视觉习惯，影响到整个画面，宁可不要；

（3）画面过于对称整齐显得呆板，注意对象大小排列前后遮挡穿插关系。

【实践活动】

将之前练习的家居配景配图线稿中选择 10 ～ 15 种进行重新排版，绘制，注意画面的合理安排和形式美的表现。

【活动评价】（表 3-4）

表 3-4

	评分项目	学生自评	小组评定	教师评分	平均分	总评分
评分细项（50%）	构图排版					
	准确性					
	效率					
整体版面（50%）						
签名						

【知识链接】

构图基本方法：

1. 构图方向，如图 3-62 所示，根据物体形态特征选择构图方向

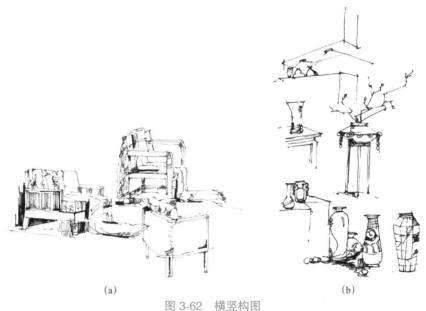

(a) (b)

图 3-62 横竖构图

(a) 横构图；(b) 竖构图

2. 画面的主题图形

（1）画面主题图形的位置；

（2）非主题图形的位置以及与主题图形的关系；

（3）注意画面物体的均衡感。

【练一练】画面构图练习（图 3-63）

图 3-63　不同家具摆放的画面

【优秀作品展示与评价】

[作品一]

该作品内容紧凑，大小及数量适中，内容距离图框略远，图框显得突兀，与图里不协调，如图 3-64 所示。

图 3-64　配景、配图作业练习

[作品二]

该作品图框有新意，图与图框关系紧凑，布局合理，配景配图内容丰富，如图 3-65 所示。

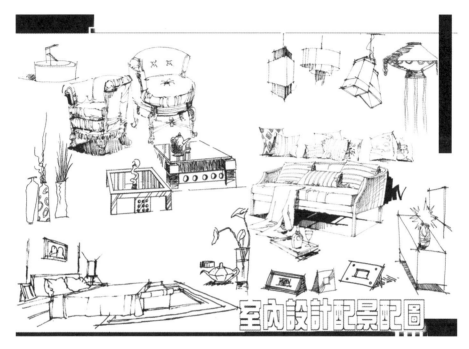

图 3-65　配景、配图作业练习

项目 4
界面基本图形设计

【项目概述】

　　本项目要求学生学习装饰设计艺术形式所包含的一系列美学知识、规律和原理，引导学生从美学方面对建筑装饰艺术形式所蕴含的规律进行初步的探讨，从而培养学生界面设计的构图能力和造型能力。学生学习运用审美的原则安排，可以进一步处理好形象、符号的位置关系，使得界面基本图形经过设计后，组成有说服力的艺术整体。

任务 1　构图原理形式美法则

【任务描述】

　　熟悉构图原理形式美法则，并能够加以运用。掌握对比与和谐、对称与平衡、统一与变化、节奏与韵律以及比例与分割等形式美的基本法则，会以此指导具体设计，形成具有美感的画面，来表现设计者的抽象之美的意图及内涵。

【任务实施】

1. 讲解示范，理解形式美法则内涵

（1）构图的定义；

（2）形式美法则之对比与和谐；

（3）形式美法则之对称与平衡；

（4）形式美法则之统一与变化；

（5）形式美法则之节奏与韵律；

（6）形式美法则之比例与分割。

2. 形式美法则应用赏析

欣赏图 4-1 及图 4-2，分析作品使用了哪些形式美法则。

图 4-1　蝴蝶　　　　　　　　　　　　　　图 4-2　武汉某售楼处室内

3. 练习

每位同学搜集一张室内装饰设计案例的图片，分析图片中立面构成运用了哪一种或者哪几种形式美法则。

【学习支持】

1. 构图

构图对建筑装饰专业的学生特别重要，画画、排版、摄影，以及以后将进行各种空间布局中都应用广泛。

构图是指在一定的空间范围内，运用审美的原则安排和处理形象、符号的位置关系，使其组成有说服力的艺术整体。在摄影中则称它为取景，指的是照片画面上的布局、结构，如图 4-3 所示；在绘画时根据题材和主题思想的要求，把要表现的形象适当地组织起来，构成一个协调的完整的画面，如图 4-4、图 4-5 所示。

建筑装饰设计是集空间、色彩、形态、照明、材料、工艺、设计风格、环境艺术等为一体的一门学科，它是三维形态即空间形态艺术，而二维形态则可理解为立面形态的构图艺术，立面构图形态是空间形态的最基础点。我们在设计中进行构图设计，是为了表现建筑装饰设计方案的使用者和设计者的思想、意境及情感。构图必须要从整个局面出发，最终达到整个局面符合表达意图的协调统一。

图 4-3　摄影作品三角形构图　　　　　图 4-4　S 美术作品形构图

图 4-5　日本未来科技馆

要做好装饰设计，必须牢固学习并掌握人类在创造美的形式、美的过程中对美的形式规律的经验总结和抽象概括——形式美法则。

2. 构图的形式美法则

在日常生活中，美是每一个人追求的精神享受。当接触任何一件有存在价值的事物时，这种共识是从人们长期生产、生活实践中积累的，它的依据就是客观存在的美的形式法则，称之为形式美法则。

（1）对比与和谐

1）对比是艺术设计的基本定型技巧，把两种不同的事物、形体、色彩等作为对照就成为对比。如方圆、新旧、大小、黑白、深浅、粗细等。把两个明显的元素放在同一空间中，经过设计，使其既对立又协调，既矛盾又统一，在其强烈反差中获得鲜明对比，求得互补和满足的效果。如图 4-6 所示，米兰 Tamizor 设计师，利用红与黑的碰撞，打造出魅力时尚、气质非凡的居住空间。

图 4-6　红与黑色调的客厅

2）和谐包含协调之意。它是在满足功能要求的前提下，使各种室内的物体的形、色、光、质等组合得以和谐，成为一个非常和谐统一的整体。和谐还可以分为环境及造型的和谐，材料质感的和谐，色调的和谐，风格样式的和谐等等。和谐能使人们在视觉上、心理上获得宁静、和平的满足，如图 4-7、图 4-8 所示。

图 4-7　形与光的和谐

（2）对称与均衡

1）对称

对称是形式美的传统技法，是人类最早掌握的形式美法则，它指形体用对折，基本上可以重叠的图形，或镜面反射所映出的一对左右对称的形体，图 4-9 为对称构图，呈现出稳定、端庄的气势和效果。

图 4-8　纯白家具、柔白灯光与银灰墙面和谐

对称又分为绝对对称和相对对称。上下、左右对称，同形、同色、同质对称的绝对对称；而在室内设计中通常都是采用的是相对对称。对称给人感受秩序、庄重、整齐的和谐之美，如图 4-10 和图 4-11 所示。对称是通过形式上的相等、相同与相似给人以"严谨、庄重"的感受，对称图形由于过于完美，缺少变化，会给人一种呆滞，单调的感觉。

图 4-9 故宫太和殿对称构图

图 4-10 对称在室内设计中的应用（1）

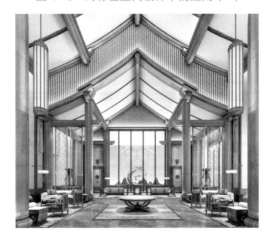

图 4-11 对称在室内设计中的应用（2）

2）均衡

均衡是指通过各种元素的摆放、组合，使画面通过我们的眼睛，在心理上感受到一种物理的均衡（比如空间、重心、力量等）。

平面构图上通常以视觉中心（视觉冲击最强的地方的中点）为支点，各个构成要素，以此支点保持视觉意义上的力度平衡。对称的事物基本上是均衡的，在对称的基础上调整部分元素，使空间比对称在视觉上显得灵活、新鲜，并富有变化的统一的美感。如图 4-12 所示，为了不使酒店大堂空间太严肃、单调，室内家具和陈设品

图 4-12　均衡在室内设计中的应用（1）

（云雾吊灯）在对称的空间里不再沿用对称手法，在一定程度上进行了调整，使得整个空间具有统一中灵活的美感。

图 4-13　均衡在室内设计中的应用（2）

有些画面并不一定对称，但它仍然很美，那就是因为它还符合"均衡"的法则，如图 4-13 所示。均衡更多的是通过调节画面大小、色彩、位置等，适当的组合使画面呈现"稳"的感受，使画面达到平衡。

如图 4-14、图 4-15 所示，荷兰画家蒙德里安的作品《红、黄、蓝》，图像是再简单不过的横平、竖直，颜色是原始三原色红黄蓝。不管是从构图还

是色彩上，蒙德里安都在致力于打造一个简化，稳定视觉世界，他说："我在平坦的表面上构造线条和颜色组合，以便以最大的意识表达一般的美。"这种美，叫均衡。

图 4-14　大小与色彩调配的平衡案例——蒙德里安作品《红、黄、蓝》

图 4-15　色彩平衡在各行业的应用

3．统一与变化

（1）统一指将性质不同的、相近的或者相同的要素（如线型、方向、色彩、肌理、形象等），按照一定的意念秩序并置在一起，造成一种同存和谐、严肃、稳定的趋势感觉。如图 4-16 所示，洁白的卧室空间，完全统一的纯白色调，代表着一种最纯粹，最干净的生活方式。

图 4-16　卧室色彩的统一

（2）变化是相对统一而言，增加画面的对比因素，以使画面产生活跃气氛，增加视觉冲击力。对比要素包括：方向、大小、形状、位置、色彩、肌理、明暗等。如图 4-17 所示，同样是在纯白的空间里，增加了黑色调的家具和陈设品，整个空间因此而活跃不少，增强了整个空间的视觉冲击力。

图 4-17　变化法则的应用

任何空间形态总是由点、线、面、三维虚实空间、颜色和质感等元素有机的组合而成为一个整体。因此，我们总说，变化与统一又称多样统一，他们往往是一起出现的。变化是寻找各部分之间的差异、区别。统一是寻求他们之间的内在联系、共同点或共有特征。没有变化，则单调乏味和缺少生命力；没有统一，则会显得杂乱无章、缺乏和谐与秩序。

4. 节奏与韵律

（1）节奏存在于我们现实的许多事物当中，比如人的呼吸、心脏跳动、四季与昼夜的交替等等，节奏本来是表示时间上有秩序的连续重现，如音乐的节奏。在艺术作品中，它指一些形态要素的有条理、有规律的反复呈现，使人在视觉上感受到动态的连续性，从而在心理上产生节奏感，如图 4-18、图 4-19 所示。

慢节奏　　　　　　　　　中等节奏　　　　　　　　　快节奏

图 4-18　形与节奏关系

（2）韵律是节奏的变化形式。它变节奏的等距间隔为几何级数的变化间隔，赋予重复的图形以强弱起伏、抑扬顿挫的规律变化，产生优美的律动感，如图 4-20 所示。

图 4-19　节奏的应用

（3）节奏与韵律往往互相依存，一般认为节奏带有一定程度的机械美，而韵律又在节奏变化中产生无穷的情趣，如图 4-21 所示。在设计中，节奏和韵律包含在各种构成形式中，但其中最为突出的是表现在"渐变构成"和

图 4-20　韵律的动感

"放射构成"两种形式中。如图 4-22 所示，这些采用渐变形式所构成的建筑结构，具有很强的节奏感和韵律美 。

图 4-21　节奏与韵律的依存关系　　　　图 4-22　节奏与韵律的应用案例

5. 比例与分割

（1）比例指形体部分与部分或部分与全体之间的数量关系。在图形上指

长、宽之间数值的对比关系。人们在长期的生产实践和生活活动中一直运用着比例关系，并以人体自身的尺度为中心，根据自身活动的方便总结出各种尺度标准，并形成了一定的准则，见表 4-1。恰当的比例有一种谐调的美感，成为形式美法则的重要内容，如图 4-23 所示。

各种比例的视觉感受	表 4-1
1：1	具有端正感
1：1.68（黄金比例）	具有稳健感
1：1.414	具有豪华感
1：1.772	具有轻快感
1：2	具有俊俏感
1：2.236	具有向上感

图 4-23　不同画框的视觉感受

（2）分割是对画面进行的切分，把一个限定的空间，按照一定的方法和比例分成若干的形态，形成新的整体形态。其特点是"割"而不断，"分"而不离。通过分割可以从局部到整体周密地安排，这是达到形式美的一种方法。

分割的形式主要有：

◆　等形分割

要求分割后空间的各部分形态相同，面积相同，图形分割后造型严谨、整齐、明快，如图 4-24 所示；

◆　不等形分割

图 4-24　卧室床头软包等形分割效果

不要求形态相同，只要求各部分面积比例一样，形体分割后形状各异，因此富于变化，造型自由，如图4-25、图4-26所示；

图 4-25 卧室床头墙不等形分割

图 4-26 客厅电视背景墙不等形分割

◆ 黄金分割

黄金分割在古希腊就已被发现，至今为止全世界公认的黄金分割比为1：1.618正是人眼的高宽视域之比，黄金分割率计算公式及示意图。它是各种设计中十分经典的分割方法，在设计、绘画、摄影等构图中应用非常广泛，如图4-27～图4-30所示。

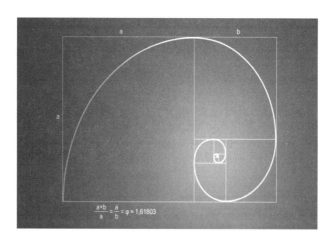
图 4-27 黄金分割率计算公式及示意图

◆ 自由分割

它是不规则的，是凭设计者的主观臆想，审美能力和实践经验对画面进行分割的方法。这种分割方法打破规律分割的生硬和单调，追求方向、长短、大小、形状的变化，如图4-31所示。

图 4-28 《蒙娜丽莎的微笑》
黄金分割构图

图 4-29 黄金分割应用（摄影九宫格构图）

图 4-30 黄金分割应用（卧室床头墙面）

图 4-31 自由分割的应用（分割墙面）

【学习提示】

1. 形式法则不是死僵死硬的教条，要旨在于：充分理解，灵活运用。

2. 一幅图面构成中，可以采用多个构成法则。

【实践活动】

1. 以三人为一组，每人收集两张自己最喜爱的室内图片，把收集的图片冲洗或打印出来。

2. 小组内讨论各自图片的构图特点，分析其形式美设计法则的运用。

3. 把分析讨论进一步形成文字，写一份形式美法则调研报告。

4. 要求：报告图面为 A2 图幅，把图片粘在图纸上，图文并茂，版面构图美观。

【活动评价】（表 4-2）

表 4-2

	评分项目	学生自评	小组评定	教师评分	平均分	总评分
评分细项（50%）	收集能力					
	分析得当					
	图文呼应					
整体版面（50%）						
签名						

【知识链接】

1. 构图中的其他法则；

2. 反复与连续；

3. 统觉与幻觉；

4. 呼应；

5. 渐变；

6. 艺术和技术的统一。

【练一练】

观察身边的衣食住行的器具，说一说其外观设计都体现了哪些形式美法则。

任务 2 基本形及其构成的方法

【任务描述】

> 单纯的由点、线、面组合起来的基本形，并不能体现具体的造型形式和含义，但是将其根据一定的构成原则巧妙地进行排列组合，便会得到千姿百态的新的形象和好的构成效果。本任务通过对基本形相关知识的学习，了解基本形的概念，掌握原始基本形单体的形态来源，掌握单元组合基本形的构成方法。

【任务实施】

1. 讲解示范，理解基本形相关知识

（1）基本形的定义；

（2）基本形构成要素：点、线、面；

（3）基本形的分类：原始基本形、单元式基本形；

（4）单元式基本形的造型方法：分离、相接、覆叠、差叠、透叠、联合、减缺、重合。

2. 基本形及其构成赏析

（1）找一找下图 4-32 图案中的都有哪些原始基本形，新的单元式基本形造型方法分别是什么；

（2）请阐述图 4-33 的幼儿园活动室中，整个空间造型运用了哪些原始基本形，又创造了哪些单元式基本形；它们运用了哪些造型方法？

图 4-32　单元式基本形

图 4-33　幼儿园活动室中的基本形

3. 练习

（1）在 80×80 的方形卡纸上，切割出 3～5 个几何基本形。

（2）运用上一节的形式美法则及单元式基本形的造型方法，进行几何图形的组合，创造出三组新的基本图形。

【学习支持】

基本形定义及
构成要素

1. 基本形的定义及其构成要素

（1）基本形定义

世界万物皆有其形，任何复杂的形均可还原成最基本的形——点、线、面。点、线、面则是经过高度概括的最基本的形态要素，有一定的形状、位置、面积、浓淡等特征。

基本形可以由一个点、一条线、一个面等形象来构成，也可以通过对这些形象进行分离、组合等不同的组织关系构成新的基本形。基本形既是最基本的形象，又是构成复合形象的基本单位，既具有独立性又具有连续、反复的特性。

（2）基本形构成要素

作为视觉元素，基本形由点、线、面等形象来构成。

1）点

点是视觉中相对细小而集中的形。点是构图的基本要素，一切都有点构成，就如世间万物都是由原子、分子来构成其意义是一样的。点连续延伸的轨迹成为线，密集成片而成为面。由于疏密、大小、形状等变化而转化成为明暗色调，给人不同的心理感受，如图 4-34 所示。

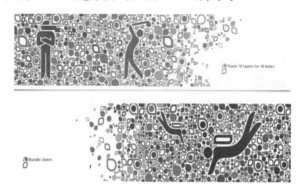

图 4-34　点疏密感受

2）线

线是视觉上相对细而长的形态，它是点的移动轨迹，带有明确的方向性如图 4-35 所示。线具有位置、长度，还有宽度、厚度和肌理等的变化，它分割了画面，是一切面的边缘，面与面的交界。

图 4-35　线由点移动构成

线的长短、曲直、宽厚、密集和疏松区分了画面的主次和黑白灰的关系，如图 4-36、图 4-37 所示。多种多样的线条让平面设计更有条理感。

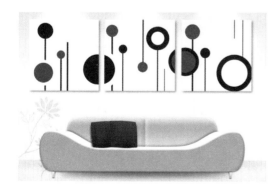

图 4-36　点与线在室内装饰中的应用

图 4-37　线的主次和黑白灰关系

3）面

面是相对于点、线的平面形象，给人充实、厚重、整体稳定的视觉效果。面与点相比，它是一个构图中相对较大的元素，点强调位置关系，线强调方向与动感，面强调形状和面积。如图 4-38 所示，采用不同形状、颜色、面积的墙面板体块穿插，辅以明快的玻璃，错落的线条，创造出别具风格的建筑造型。

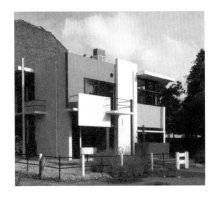

图 4-38　荷兰乌德勒支施罗德住宅（面的构成）

2. 基本形的分类

基本形可以分为原始基本形，以及由原始基本形象进行分离、组合等不同的组织关系构成新的基本形，又称单元式基本形。

原始基本形单体

基本形由点、线、面等形象来构成，基本形态圆、方、角，是自然形成的。原始基本形有以下四种单体形态：

（1）几何形

几何形是具有几何数学规律的图形，比如矩形、圆形、三角形、多边形等，如图 4-39 所示。几何形比较抽象、单纯，视觉上有理性、明快的感觉，如图 4-40 所示。

基本形分类

图4-39　简洁的几何形

图 4-40　简洁明快的圆形与三角形家具

（2）有机形

是指有机体的形态，如有生命的动物、生物细胞等，它的特点是轮廓由圆滑而无规律的曲线构成，具有膨胀、优美、弹性、有生命的韵律，如图 4-41、图 4-42 所示。

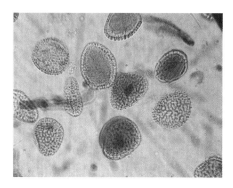

图 4-41　生物细胞的生命力　　　　　图 4-42　仿生办公桌

（3）偶然形

指我们无法刻意去创作，偶然形成的图形，如破碎的玻璃、一滴水珠，如图 4-43、图 4-44。偶然形有一定的情态、情趣。

图 4-43　水珠的圆润　　　　　　　图 4-44　仿水珠的吊篮

（4）自然形

指大自然中原有的可见形态，如云彩、初阳、山川、沙石、树木、花卉、游鱼等，它不随人的意志改变而存在。自然形千变万化，丰富多彩，它给人舒畅、和谐、自然、古朴的感觉，如图4-45、图4-46所示。

图4-45 山川形态美　　　　　图4-46 仿山川自然形态的墙面装饰

3.单元式基本形及其造型方法

基本形是我们日常生活中可见的物体的外部特征。单元式基本形是在基本形的基础上，用单个基本形打散重构的手法，或者两个或多个基本形组合重构的手法创造而成。

（1）单个基本形的打散重构法

将已有的单个基本形打散——多是几何形，按设计师的意图切断，利用分割、打散的手法，把几何形体分成若干个部分，然后把分割的图形重新组合得到新的图形，这就是我们的单元式基本形，如图4-47所示。

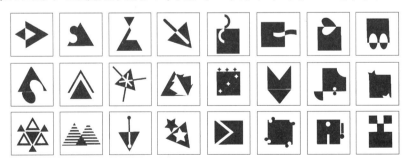

图4-47 三角形与正方形的打散重构示范

（2）两个及其以上基本形的组合构成法

构成中，两个或多个基本形之间会产生了各种组合关系，这些组合关系会创造出新的单元式基本形。下面给大家介绍8种主要组合关系创造出的单元式基本形：

1）分离

基本形是将两个形象在不连接的情况下，产生的一个新形象，如图 4-48 所示。分离的方法是要保持基本形间的距离互不接触，应用如图 4-48 所示。

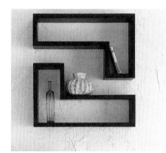

图 4-48　分离示意图及其案例

单元式基本形

2）相接

面与面在互相靠近的情况下，其边缘线恰好相接，如图 4-49 所示。

图 4-49　相接示意图及其案例

3）覆叠

面与面靠近时，接触更近一步，一个或一些形象覆盖于另一个或另一些形象之上，产生或上或下，或前或后的空间关系，如图 4-50 所示。

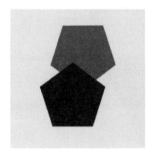

图 4-50　覆叠及其案例

4）差叠

面与面交叠部分，即相互重叠的部分产生出一个新形象，其他不交叠部分消失，如图 4-51 所示。

5）透叠

与差叠相反，面与面交叠时，交叠部分产生透明效果，形象前后之分并不明显，如图 4-52 所示。

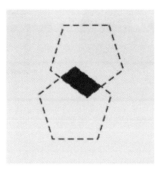

图 4-51　差叠示意图及应用案例

图 4-52　透叠示意图及其案例

6）联合

面与面互相交叠而无前后之分，可以联合成为一个多元化的形象。联合的形象常处于同一空间平面，如图 4-53 所示。

图 4-53　联合示意图及其案例（茶几）

7）减缺

面与面覆叠时，前面的形象并不画出来，只出现后面的减缺形象。减缺可使原有形象变为另一新的形象，如图 4-54 所示。

8）重合（重叠）

一个形重叠在另外一个之上，产生前后关系，一近一远的层次感，如图 4-55 所示。

图 4-54　减缺示意图及其案例（茶几和凳子）

图 4-55　重叠示意图及其案例（沙发）

【学习提示】

基本形是构成复合形象的基本单位，既具有独立性又具有连续、反复的特性。在构成设计中，基本形的特点应该是单纯、简化的，这样才能使构成形态产生整体而有秩序的统一感。

还应注意以下几点：

1. 处理好圆与方、曲与直、巧与拙、对称与不对称、动与静等辩证关系；

2. 要给出明确的制图规范，对于非基本几何图形或组合几何图形，尤须如此；

3. 几何图形，尽可能不用或少用文字（中文、英文或拼音缩写字母）；即使要用，也须形象化、图案化。

【实践活动】

参照图 4-56，利用原始基本形创造新的单元式基本形造型，规格 A4 纸张。

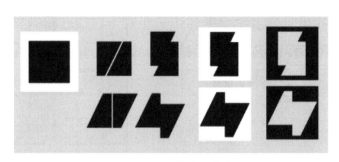

单元式基本
形实践指导

图 4-56　单元式基本形范例

1. 首先根据形式美法则和造型需求，在 80×80 黑色卡纸上切割出简单基本形；

2. 用这个基本形用分离、相接、覆叠、差叠、透叠、联合、减缺、重合等方法重新组合，得出新的基本形（4～6 个），组合好后分别粘贴在 100×100 的方格子上；

3. 在格子下用文字表明使用了哪种或者哪几种造型手法；

4. 注意新基本形要保持它的完整性。

【活动评价】（表 4-3）

表 4-3

	评分项目	学生自评	小组评定	教师评分	平均分	总评分
评分细项（50%）	原始基本形					
	单元基本形					
	图与说明呼应					
整体版面（50%）						
签名						

【知识链接】

1. 构图的基本结构形式。

2. 平面构成的空间性。

在平面构成中，所谈到的空间形式，是就人的视觉而言的，它具有平面性、幻觉性、矛盾性。

【练一练】

用两个不同直径的圆，把单元式基本形的造型方法实践一遍，感受它们组合出的新的基本形的视觉效果。

任务 3　基本形组合与排列

【任务描述】

簡单的原始基本形单体和经过组合创造后得到的单元式基本形，都是以单体的形式展现在我们面前。这些基本形单体在骨骼的规律下，加以构成变化，便可以组合成无数新的图形；能适合于界面不同部位的应用，且可以产生一定的动感和空间感。从而更能增强人们的欣赏情趣。

依据构图原理及形式美法则，学习骨骼法、群化分布法，将基本形进行组合和排列，完成平面设计，成为本任务的主要学习内容。

【任务实施】

1. 讲解示范，理解骨骼及群化的相关知识及应用。

（1）骨骼

◆　骨骼的概念与作用；

◆　骨骼的分类。

（2）群化分布法

◆　群化分布的概念及作用；

◆　群化分布的方式形式。

· 对称式分布

· 旋转放射式放置

· 按不同的方向自由放置

2. 练习

如图 4-57 所示，设计一个单元式基本形，在骨骼基础下的群化分布。

（1）在 80×80 的黑色卡纸上，设置一个理想的基本形。

（2）在 100×100 的格子内，设计在有作用性骨骼形式。

（3）在有作用性骨骼线内进行群化分布设计，注意秩序与变化的统一。

图 4-57　单元式基本形及其在骨骼基础下的群化

【学习支持】

学习基本形的组合与排列涉及两个概念：骨骼和群化构成。

1. 骨骼（辅助线）

（1）骨骼的概念及作用

骨骼及分类

骨骼就是构成图形的骨架格式。也就是我们经常会用到的构图辅助线我们在设计中常借助骨骼来构成某种图形，它有助于我们在画面中排列基本形，使画面形成有规律、有秩序的构成。骨骼支配着构成基本形单元的排列方法，可决定每个组成基本形的距离和空间。

骨骼的作用有两种，一是固定基本形的位置；二是分割画面的空间，如图 4-58 所示。

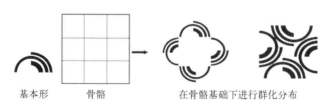

基本形　　　骨骼　　　　　在骨骼基础下进行群化分布

图 4-58　基本形在骨骼基础下的群化

（2）骨骼的分类

依据骨骼在构图中的作用，骨骼分为有规律性、非规律性、有作用性、非作用性几种。设计必须运用骨骼去组织画面形象，使之具有秩序。

1）有规律性骨骼和非规律性骨骼

有规律性骨骼在构成设计中，是以严谨的数学方式构成的骨骼线（图 4-59）。骨骼线有正方形、菱形、在骨骼线里安排基本形，如重复、渐变、近似、发射等骨骼，能产生强烈的秩序感（图 4-60）。

非规律性骨骼是比较自由的构成，它没有严谨的骨骼线，基本形或其他形象按照比较自由的方式进行排列。与规律性骨骼相比较，它比较灵活、多变。主要有密集、对比、变异骨骼等，有些是规律性骨骼的衍变，也有一些是具有极大的自由性的（图 4-61）。

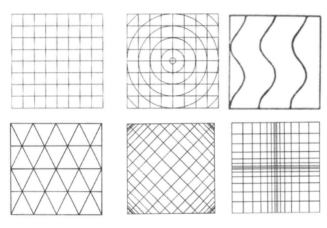

图 4-59　规律性骨骼的骨骼线表现形式

图 4-60　规律性骨骼在墙面装饰的应用

非规律性骨骼是比较自由的构成，它没有严谨的骨骼线（也就是不绘制辅助线），基本形或其他形象按照比较自由的方式进行排列。与规律性骨骼相比较，它比较灵活、多变，但是没有经验的设计师很难构成出漂亮的图案。因此，很多非规律性骨骼都是在规律性骨骼的基础上进行衍变，使得构图具有极大的自由性的，如图 4-61 所示。

图 4-61　非规律性骨骼在墙面装饰的应用

2）有作用性骨骼和非作用性骨骼

有作用性骨骼和非作用性骨骼的对比如图 4-62 所示。

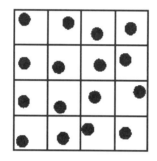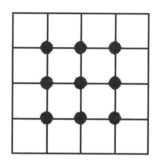

图 4-62　有作用骨骼和非作用性骨骼表的对比

　　有作用性骨骼指的是每个单元的基本形，必须控制在骨骼线内，在固定的空间中，按整体形象的需要，去安排基本形。作用性骨骼给基本形准确的空间位置，基本形安排在骨骼线的单位里，并可以改变方向、正负、越出骨骼线的余形可被骨骼线切掉，能产生更多的形象（图 4-63）。

　　无作用性骨骼则是将基本形单位安排在骨线的交点上，骨骼线的交点，即基本形之间的中心距离。在无作用性骨骼中，基本形可大可小，方向、形状也是自由的（图 4-64）。当形象构成完成后，将骨骼线去掉，骨骼线不起

图 4-63　有作用性骨骼分布作品

分割背景的作用，不论有多少形体，都是在一个统一的空间里。骨骼就好像不起作用，所以称这种骨骼为无作用性骨骼（图4-65）。

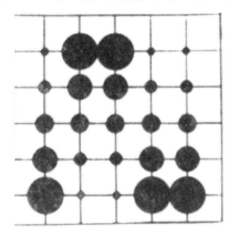

图 4-64　非作用性骨骼分布应用案例

2. 群化分布法

（1）基本形群化的概念

在骨骼（辅助线）设计好之后，我们可以将基本形进行群化分布了。将两个或两个以上相同或相似的基本形，以不同的数量、不同的排列及不同的组合方式在骨骼内构成的图形，称之为基本形群化。

群化构成

图 4-65　骨骼综合运用案例

"群化"是造型艺术中的一种表现手法。群化构成具有以下两个特点：

◆　有两个以上相同或相似的基本形集中排列在一起并发生联系的时候，才构成群化。

◆　基本形排列必须有规律性和一致性，才能使图形产生连续性和构成群化。

（2）基本形群化的构成形式

基本形群化的方法有很多，如对称、平衡、平移、反映、旋转、扩大、错位、回旋等，但其形式可分为三大类。

◆ 对称放置

将基本形对称放置，两个形象可以是相交对称、分离对称、边缘相接对称、局部重合对称。在方向和位置关系上，可以运用反射、移动、回转、重叠、透叠、交错等形式。依据不同的基本形，可采用不同的对称放置方式（图 4-66、图 4-67）。

图 4-66 墙面对称设置的造型灯具

图 4-67 沙发背景墙对称放置的挂画

◆ 旋转放射式放置

将基本形以某一点为圆心进行旋转，并按照放射形式放置。这时形体可以是相交、分离、边缘相接、局部重合等关系。依据不同的基本形，可采用不同的旋转放射式放置方式（图 4-68、图 4-69）。

◆ 按不同的方向自由放置

只要画面中的图形具有较为稳定的平衡关系，基本形的位置关系在符合形式美法则的前提下，可相对灵活地运用（图 4-70、图 4-71）。

图 4-68　床头墙面旋转放射形壁纸

图 4-69　顶棚放射造型吊顶

图 4-70　墙面自由放置雪花装饰

图 4-71　墙面自由放置挂画装饰

【学习提示】

1. 合理布局，使画面平衡稳定、变化统一、富有节奏感和韵律感。

2. 基本形的设置不宜复杂，否则会使设计变得涣散、不统一，从而形成花砖地，不能创造了更多的抽象图形。

3. 基本形本身要简练、概括，形象粗壮有力效果好。避免琐碎的细小变化，防止一些尖角之类的造型。

【实践活动】

如图 4-72 所示，基本形为一个抛线形，下部又要挖出一个小的多半圆形，两个基本形合在一起，形成单元式基本形。在骨骼线内，用有规律性骨骼进行群化分布，形成扁圆形交错构成。

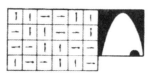

图 4-72 墙面自由放置隔板装饰

请按照上述例子，进行群化构成练习。

1. 在 80×80 的黑色卡纸上，设置一个理想的基本形。

2. 在 100×100 的格子内，设计在有作用性骨骼形式。

3. 在有作用性骨骼线内进行群化分布设计，注意秩序与变化的统一。

群化案例及作业布置

【活动评价】（表 4-4）

表 4-4

	评分项目	学生自评	小组评定	教师评分	平均分	总评分
评分细项（50%）	基本形					
	骨骼设计					
	基本形群化分布					
整体版面（50%）						
签名						

【知识链接】

基本形形成空间感的基本方法

平面构成中的空间，是立体形态在二维平面中的空间表现。空间是先于形而存在的，但是形决定空间的性质。没有形，空间是一张白纸；形象的出现占据了空间，使空间成为有设计意义的空间。

空间感与立体感虽有共同之处，但是立体感通常注重的是个体的立体效果，而空间感则以多数个体来表现画面的深度及空旷的效果。立体是以一种空间形式存在的，这种存在也使空间成为立体。

立体空间感的构成虽然也应用透视法的原理，但并不完全按照透视法去复制一个以固定视点出发的客观空间，而是打破视觉经验的束缚，人为地改变其固定的消失点，变成多交点、多方位的不合理空间或违反透视法的幻觉空间，给画面创造新的视觉空间效果带来另一种可能性。其设计目的就是在二维平面内创造一个多维的视觉空间。

在二维平面上形成空间感的方法主要有以下几种：

（1）重叠

一个形象复叠到另一个形象之上时，就会产生一前一后或者一上一下的感觉，这就产生了平面的深度感。

（2）大小变化

在人们的生活经验中，由于透视的原因，物体在人们的视觉中会产生近大远小、近清楚远模糊这种变化感觉。同样，视觉中平面形象的基本形的大小变化愈大，产生的空间深度感就愈。

（3）倾斜变化

由于基本形的倾斜变化在人们的视觉中会产生一种空间旋转的效果，所以倾斜也会给人以一种深度感。

（4）弯曲变化

因为弯曲本身具有起伏变化，因此在平面的形象中如果有类似弯曲的形状，就会产生有深度的幻觉，从而造成空间感。

（5）肌理变化

由于在人的视觉感受中，物体是近看清楚、远看模糊，所以粗糙的肌理比细密的肌理有更近的感觉，因而肌理的变化也可以形成视觉上的空间感。

（6）明度变化

由于透视的原因，近处物体明度对比较强烈，而远处物体一般消失在背景明度之中，因此就显得比较柔弱。所以，明度变化也具有深度感，即和背景明度相近的物体有隐退之感，和背景明度差异大的物体则会有突进之感。这就是由明度的对比变化而造成的形的空间感。

（7）投影效果

由于投影本身就是空间感的一种反应，所以投影的效果也能形成一种视觉上的空间感。

（8）透视效果

在真实的空间中，由于人的视点是固定的，视野是有限的，无论在何种情况下，人的眼睛都只能看到物体的三个面，并且是愈在前面愈大，愈在后面愈小，所以透视关系也可造成空间感。

（9）面的连接

在平面设计中，面的连接可形成体，面的弯曲可形成体，面的旋转也可形成体，而体是空间中的实体，因此能够形成体的面都具有视觉上的空间感。

（10）交错空间

两个平面相互交叉，平面的二维空间就会因为它们的交叉而转为三维空间，空间感由此产生。

【想一想】

基本形的群化构成方法及表现形式有哪些？

任务4　图形的形式美和秩序美综合练习

【任务描述】

　　运用构图原理和形式美法则，对基本形进行平面设计，从而培养学生的审美观、创造意识和绘制技能；锻炼学生的抽象构成能力及运用构成原理从事界面设计的能力。

【任务实施】

1. 设计任务书的布置：平面构成练习（图4-73）

（1）设计内容

1）通过对基本元素点线面，基本形态圆方角的认识和理解，依据形式美法则，对80×80的正方形卡纸进行分割，分割成4～6部分基本形。分割的方式在示意在右下方相应的方格中。

2）利用骨骼，对分割好的 5 部分基本形在 150×150 的方格内进行群化构成设计，设计出 5 组图面。

3）按照已设计好的分割方式，在其余 5 个 150×150 的方格中将基本形按一定的规律排列组合，粘贴稳定。

（2）设计要求

1）版式设计应该力求使图面美观和谐。

2）排列图形应在虚线框内进行，不超出界限。

3）应用液体胶水将卡纸粘贴稳定，不可使用透明胶、双面胶等。

4）注意保持图面整洁。

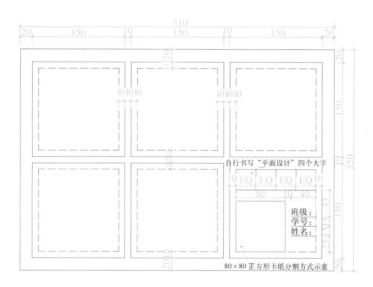

图 4-73　平面构成任务书

2. 设计任务书讲解

（1）基本形设计与分割。

（2）基本形骨骼设计。

（3）基本形群化分布设计。

（4）群化图面在室内设计中的应用。

【学习支持】

1. 基本形的分割

基本形是构成复合形象的基本单位，既具有独立性又具有连续、反复的特性。在构成设计中，基本形的特点应该是单纯、简化的，这样才能使构成形态产生整体而有秩序的统一感。

在分割基本形时，要充分按照形式美法则进行预设，分割方格子时应该充分考虑点、线、面及简单几何体的应用，而且分割时基本形不宜过多，每个基本形也不应该分割得过于尖锐或者杂碎。为了构图好看，一般点、线、面的元素都应该有，而且最好有重复的基本形，方便在构图时形成对称、节奏等。

如图 4-74 所示的分割方法，将 80×80 的黑色卡纸分成了 6 部分，两个 L 形的基本形之间，它们在分割宽度时就运用了黄金分割，在以后的构图容易形成韵律的美感。而四个等大小正方形，则容易形成节奏感，或者对称和重复。

图 4-74　分割案例（1）

如果觉得分割出来的基本形过于简单，可以运用原始基本形的造型方法（图 4-75 ～图 4-77）：相接、覆叠、减缺等手法进行单元式基本形的组合，形成图案相对复杂的新基本形。如图 4-77 所示，L 形的两个基本形，其实就是分别由不同大小的矩形相接构成的，而图 4-75 中三角形底线的中央加小矩形构成有方向感的箭头型。

图 4-75　分割案例（2）

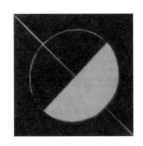

图 4-76　分割案例（3）

图 4-77　分割案例（4）

如果分割过程中出现长方形和三角形，则可以图 4-78 进行基本形的组合，形成新的单元式基本形。

图 4-78　长方形与三角形的组合

2. 基本形的骨骼设计

在设计中运用骨骼，有助于我们在画面中排列基本形，使画面形成有规律、有秩序的构成。

在 150×150 的方格子中，为了边缘好看，按任务要求每个边预留 10mm。在 130×130 的方格子内，可以进行有规律性网格设计，如图 4-79 所示，可以是规整的正方形网格，也可以是中心发射的同心圆网格，还可以是斜网格。

骨骼的设计是根据切割出来的基本形排列和组合的需要。如果为了造型更加的活泼自由，也可以进行非规律性骨骼设计。非规律性骨骼设计的时候要注意按照形式美法则进行。

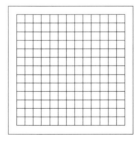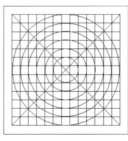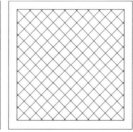

图 4-79　骨骼设计

3. 基本形的群化构成

重复骨骼构成是表现重复美的一种主要形式。在社会现实生活中，应用非常广泛。但在实际应用时，其构成方法往往都是几种形式结合使用。有些作品按构成图形的需要将重复骨骼作为精品酒店设计的主要形式。

基本形在特定的骨骼内进行群化构成，通常都是在形式美法则下，运用对称放置、旋转放射式放置、按不同方向自由放置三种方法进行分布。

图 4-80 展现了基本形在骨骼网络中对称放置的构图形式。

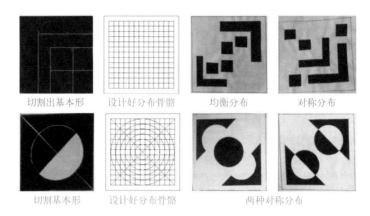

切割出基本形　　设计好分布骨骼　　均衡分布　　对称分布

切割基本形　　设计好分布骨骼　　两种对称分布

图 4-80　基本形在骨骼约束下的群化分布的步骤

4. 群化分布在室内设计中的应用

我们学习了基本形的切割，为了使基本形排列与组合更加有序化的骨骼设计，以及基本形在骨骼的约束下进行群化的方法后，已经打下了视觉传达设计的重要的设计基础。这些知识经常会在我们室内设计中重复的出现。

一般室内的平面构成是指正常视距、角度条件下，室内环境的平面布局、立面造型、天花造型、地面形式，甚至门窗、屏风、大型家具等物体的表面。

拿家具的平面布局来说，我们学习了基本形的组成要素点、线、面，以及形式美法则的平衡和对称、对比与变化、节奏与韵律、比例与分割等知识以后，在家具的布置上会选用点、线、面三种基本形元素进行设计。图 4-81 中的平面布局上，为了视觉形成平衡、协调的效果，在家具上选用了面状的两组

图 4-81　点、线、面的群化布局在平面上的应用

沙发、地毯，点状的两个圆形凳子、线条状的地灯。在排列与组合这些家具时，使用了均衡的布局。在色调上用形式美法则的黑白对比手法，使得整个画面既形成了一定均衡的美感，又有一定的视觉冲击力度（图 4-82、图 4-83）。

图 4-82　本形群化布局在顶棚设计上的应用

图 4-83　基本形群化布局在室内空间的应用

【学习提示】

1. 要求简练、醒目，基本形不宜太多、太复杂。组合要紧凑、严密，相互可重叠和透叠及交错。

2. 构成要完整、美观，注意外形的整体效果。

3. 注重构图的平衡和稳定。

4. 基本形要简练、概括，避免纤细和琐碎。

【实践活动】

1. 完成任务实施中布置的任务；

2. 找出自己设计出的图形在实际生活中可运用的地方。

【活动评价】（表4-5）

表4-5

	评分项目	学生自评	小组评定	教师评分	平均分	总评分
	基本形					
评分细项（50%）	骨骼设计					
	基本形群化分布					
整体版面（50%）						
签名						

【知识链接】

打散重构：将已有的视觉元素打散，按设计者意图切断，重新配列构成。但一定不是单纯的元素罗列，而是有意识地加以组合、配置、构成。具体表现形式有同质切断构成，异质切断组合，散点组合和不同元素组合在同一空间内，没有特定的透视，也没有特定的场合。

【优秀作品展示与评价】

[作品一]

基本形按照黄金比例分割，递进式缩短，形成对称、渐变的韵律感。五个基本形运用对称放置的方式进行群化构成，构图均衡，各有特点，图面美观，如图4-84所示。

图4-84　平面设计（1）

[作品二]

五个图形运用旋转放射式放置方法进行群化，辅以圆与方的对比、围合、渐变等手法进行美化，图面构成协调美观，如图 4-85 所示。

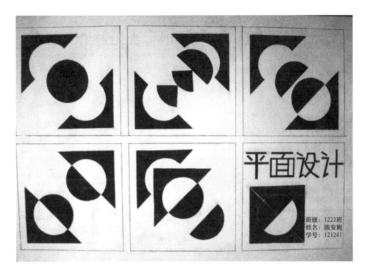

图 4-85　平面设计（2）

[作品三]

基本形 L、W 形都容易形成围合觉，构成具有对称、均衡、围合的美感的。最后一个沿对角线对称放置的图像则如一排大雁东南飞，意味十足，如图 4-86 所示。

设置的图像则如一排大雁东南飞，意味十足，如图 4-86 所示。

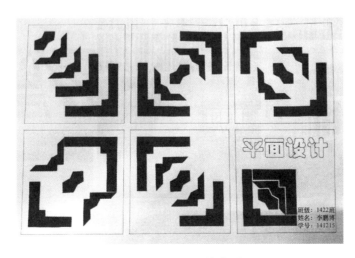

图 4-86　平面设计（3）

项目 5
空间环境设计

【项目概述】

　　本项目要求学生在平面设计的基础上，学习空间环境的构成要素、空间环境的限定、空间环境组织的基本方式与方法。通过学习和作业练习，学生具有初步的空间概念及空间感受，能进行基本的空间造型与形体组合，能进行基本的场地环境设计，掌握轴测图的画法，初步达到画面构图与绘图的质量要求。

任务 1　空间概念及空间感受

【任务描述】

　　1.熟悉空间环境设计的构成与空间环境的限定的基本方式与方法；
　　2.通过给出一组净尺寸为 3m×3m×3m 的空间组合，体会人在里面的空间感受，并能够进行建筑单元体的空间造型设计。

【任务实施】

1.空间环境设计的构成要素与空间环境的限定的基本方式与方法。

2. 以净尺寸为 3m×3m×3m 的一个建筑空间为基本单元。

（1）在一个基本单元里面，人体会的空间感受。

（2）在一个基本单元里面，界面围合不同的变化所产生的空间感受。

（3）两个基本单元水平和垂直组合所产生的空间感受。

（4）三个基本单元水平和垂直组合所产生的空间感受。

【学习支持】

1. 建筑空间与雕塑作品的不同在于人可以在空间里活动

空间就是容积，它是和实体相对存在的，如图 5-1 所示，是一个 0.3m×0.3m×0.3m 的实心立方体，可以用来当坐凳。艺术家对这个立方体进行处理，如在表面切割出各种形状的孔洞，它就成为一个玩具模型或者是雕塑雏形，人可以玩赏但不能走进去，如图 5-2 所示。

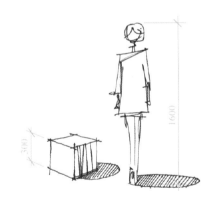
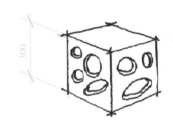

图 5-1　实心立方体　　　　　　图 5-2　玩具模型

将这个立方体盒子放大 10 倍后，就得到一个 3m×3m×3m 的立方体，将它的内部挖空，只剩下四个围合的墙面和一个顶盖，它就变成了一个容器，一个人可以在里面活动的小房子，如图 5-3 所示。

建筑空间概念

走进这个空间，与室外观看的不同，人们能感受到一个面积是 9m²，高度是 3m 的正方体空间，由四面墙、地面、顶棚所围合而成，开间，进深和高度的大小决定了人对这个空间的感受，如图 5-4 所示。

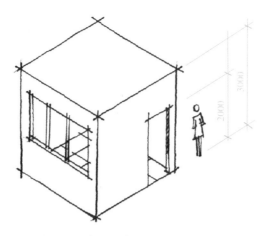

图 5-3　人可以在里面活动的小房子

图 5-4　正方体空间

2. 建筑空间的构成要素中侧面界面的不同围合方式

界面不同围合
方式

在建筑空间中，四面墙体不同的围合方式决定了空间是封闭还是开敞的感受。一个房间如果四边都是墙体，人会感到比较封闭，如果四面临空或是围上透明玻璃，人们就会感觉明快和通透。

（1）三面围合，一面开敞：三面是墙体，通透的一面面向好的朝向或者是有风景的地方，如图 5-5、图 5-6 所示。

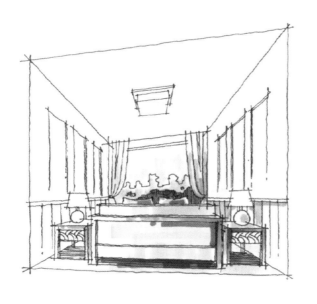

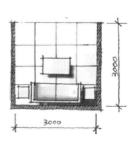

图 5-5　U形墙面围合空间

图 5-6　U形空间亭子

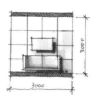

图 5-7　两个平行墙面围合空间

（2）两面围合，两面开敞：两面是墙体，两面通透，一种是两个相对的端部开敞的情形。能让空间的流动感增强，如图 5-7、图 5-8 所示。另一种是相邻两面开敞的，如图 5-9、图 5-10 的 L 形墙面，能形成很强的向心性。

图 5-8　两个平行墙面分隔的亭子

图 5-9　L 形墙面分隔的空间

图 5-10　L 形墙面分隔的亭子

（3）一面围合，三面开敞：建筑空间一面围合，三面临空，空间的通透性很强，适合于不需要很强私密性的空间，如客厅等，在风景优美的地方可以选择这种空间处理方式（图5-11、图5-12）。

图 5-11　一字墙面分隔空间

图 5-12　一字形墙面分隔亭子

（4）四面开敞：把空间的四面处理为透空的门窗或隔扇，这种空间通透性最强，如图5-13、图5-14所示。

3. 建筑空间形状和比例的不同能带给人不同的感受

当我们把两个3m×3m的空间水平和垂直方向组合在一起的时候，人在内部会产生不同的感受。

（1）最常见的室内空间一般是呈矩形平面，空间的长、宽、高不同，会带给人不同的感受，如图 5-15、图 5-16 所示。图 5-15 是一个 6m（宽）×3m（深）×3m（高）的空间，横向开窗面积比较大，进深小，显得明亮宽敞。

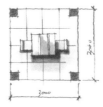

图 5-13　由柱子组成的空间

图 5-14　由柱子组成的亭子

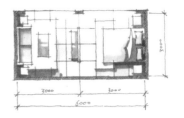

图 5-15　水平方向组合的空间

图 5-16　水平方向组合的空间实例

（2）当上述空间体积形状大小没变，仅仅改变了空间的宽
度，深度和开窗位置及大小，就产生另外一种空间效果，进深
感比较强，能产生深远的感觉，由于开窗面积小，室内空间显
得比较暗，如图 5-17、图 5-18 所示。

空间组合感受

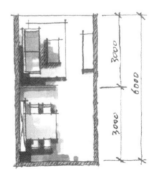

图 5-17　平面垂直方向组合的空间

图 5-18　平面纵向组合的空间实例

（3）当空间变成 3m×3m×6m（高）时，空间比较高耸，竖向的方向感比较强，使人产生向上的感觉。这种会客空间多用于别墅等公共活动区域，和 3m 层高的卧室空间形成对比，在空间的组合过程中，结合各功能特点，合理安排，空间能产生变化。如图 5-19、图 5-20 所示。

图 5-19　高度垂直方向组合的空间　　　　图 5-20　平面垂直方向组合的空间

【学习提示】

1. 加强对建筑空间的观察能力和想象能力，从空间想平面，从平面想空间，进一步感受不同的建筑空间给人带来的不同的感受；

2. 建筑是以它所提供的各种空间满足着人们生产和生活的需要。

【实践活动】

学习任务布置

给出三个 3m×3m×3m 的单元，要求做出两种组合方式，参照图 5-15，图 5-19，勾画出内部空间的示意图。

【活动评价】（表 5-1）

表 5-1

	评分项目	学生自评	小组评定	教师评分	平均分	总评分
评分细项（50%）	组合方式合理					
	空间布置合理					
图面表达（50%）						
签名						

【知识链接】

1. 建筑是通过一定的空间和形体、比例和尺度、色彩和质感等方面构成的艺术形象，来表达某些抽象的思想内容，如宁静淡雅、轻松活泼等气氛的。

2. 建筑空间是由一个或一组空间组合而成的，因而在进行设计时，应是三度空间的设计工作。如平面布局除反映功能关系外，还应反映空间的艺术构思等关系。

【想一想】

1. 建筑内部空间和外部空间各由什么组成？

2. 一个亭子的开敞与封闭，会给人们产生什么样的心理感受？

任务 2　基本的空间造型与形体组合

【任务描述】

通过建筑单体的立面造型，几个相同形状的单体组合，不同形状单体的群体组合的讲解与分析，由浅入深地训练学生的空间思维能力，使学生能够进行简单的空间造型与单体组合。

【任务实施】

1. 讲解示范
（1）立面上虚实的处理。
（2）立面上窗的处理。
（3）建筑单体的组合方式。
2. 学生进行简单的单体立面造型设计和单体组合练习。
3. 考核评价

【学习支持】

1. 立面上虚实的处理

建筑立面可以看作是由许多构件组成的，如墙体、梁柱、门窗、阳台、屋顶、勒脚、檐口等，恰当地确定立面中这些构件的比例和尺度，运用虚实对比等规律，以达到体型完整，形式和内容的统一。

利用材料构成虚实对比：现代建筑用金属板、百叶格栅等实体性轻质材料取代了传统沉重大片的墙体，减轻了建筑的体量感。在建筑立面造型中，虚的部分如窗，由于视线可以透过它，看到建筑的室内，因而使人感到通透轻巧，实的部分如墙会给人比较厚重的感觉。在建筑的立面处理中，虚和实都是不可缺少的，只有把这两者巧妙地组合在一起，互相对比，才能使建筑物既通透又有体量感。常见以下形式：

（1）建筑四面都是落地窗，从室外能看到室内的布置，外立面显得很轻盈，适合私密性要求不高的空间，如公共活动区域等，不适合卧室等功能的房间，如图 5-21 所示。

图 5-21　外立面显得很轻盈

（2）建筑一个角部是 L 形的实墙，建筑形体比图 5-21 显得实体多些，如图 5-22 所示。

界面围合外观
感受

图 5-22　外立面显得实体多些

（3）建筑以实体墙为主，开窗面积少，建筑立面显得相对厚重，如图 5-23 所示。

（4）玻璃在建筑中起着很重要的作用。天然光通过玻璃入射到室内，使室内空间光线充足，亮度平衡，能创造出明亮的光环境，由于光线每天随着时间推移，室内光环境不断地变化，能够满足人们生理和心理的需求，如图 5-24 所示。

图 5-23　外立面显得相对厚重

图 5-24　室内丰富的光环境

（5）建筑艺术常常借助于光和影的表现手法，当光照射在玻璃上，玻璃反射天空的色彩、周围的自然景物以及其他建筑物的影子，透过玻璃从室外还能看到室内的景观，起到丰富立面的作用，如图 5-25 所示。

（6）玻璃的划分主要考虑建筑艺术的要求、玻璃的尺寸、与室内空间的关系、结构的受力要求、施工工艺等因素。等距离尺寸的划分显示了严谨庄重的特点；自由划分则表现活泼和动感，如图 5-26 所示。

图 5-25　外立面上的光影　　　　　　图 5-26　严谨庄重的建筑外观

基于以上这些特点，使玻璃成为最常用的表达虚的材料。建筑师们常常将混凝土与玻璃这两种材料一起使用，体现虚与实的对比效果。

2.利用形体构成虚实对比

（1）空间界定形式多种多样，我们有时并不需要以实体围合成封闭的空间，而只用几根柱子，或一片墙，或一些构架来形成某些开放性较强的空间，供人们停留或者活动。这种介于室内室外之间的"灰"空间，与实体空间和完全开敞的室外空间不同，是一种"虚"的感受，如图 5-27、图 5-28 所示。

（2）"虚"还包含柱或构件产生的阴影，随着太阳位置的变化，光影也发生着变化，是建筑外立面造型中重要的组成部分。

（3）如何决定虚实比重主要是考虑结构和功能这两方面因素。古老的砖石结构由于门窗等开口面积受到限制，一般都是以实为主，有大片玻璃幕墙的现代建筑则是以虚为主，可以充分利用功能特点把虚的部分和实的部分相对地集中在一起，立面上以强调实或虚为主，就整体而言可以构成良好的虚实对比关系。除了对比关系，虚实两部分还应该有巧妙的穿插。例如在实体部分周边布置虚的部分，或者在虚的部分中间插入若干实体；这样就可以使虚实两部分互相穿插，丰富立面造型，如图 5-29 ～图 5-31 所示。

图 5-27 柱体围合成的空间

图 5-28 建筑上构架的使用

图 5-29 建筑构架的使用

图 5-30 虚实巧妙的穿插

图 5-31 门廊细节

3. 立面上墙面和窗的处理

（1）建筑室内需要采光，立面上应妥善处理窗户的造型，使之有条理、有变化、有韵律感，形成统一和谐的整体。建筑的一面外墙，采用竖条窗，结合窗套的形式，在阳光的照射下，窗套形成阴影，结合窗，在立面上形成竖向韵律感，使人感到挺拔俊秀，如图 5-32、图 5-33 所示。

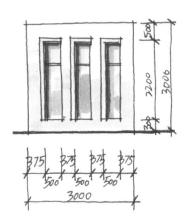

图 5-32　外墙采用竖条窗

图 5-33　竖条窗形成韵律感

（2）一面外墙窗采用水平方向的遮阳板形式，强化了水平线条的节奏，横向分割的方法可以使人感到安定和宁静，如图 5-34、图 5-35 所示。

（3）在立面上采用方形窗的组合的案例，通过把四个窗成双成对，整体偏于开间一侧，这种开窗处理也具有一种特殊的韵律感，如图 5-36、图 5-37 所示。

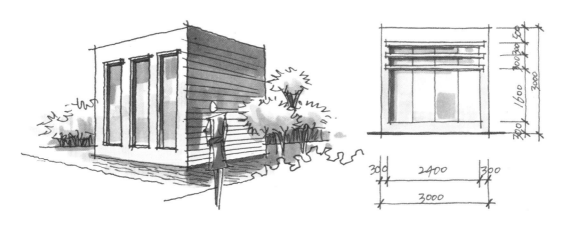

图 5-34　外墙窗采用水平方向的遮阳板

图 5-35　水平方向的遮阳板实例

4.建筑单体的组合方式

多建筑单体组合体验

　　下面我们把四个 3m×3m×3m 的建筑单体进行排列组合。

（1）当四个建筑单体排列在一起时，每个中间相隔相同的一段距离，彼此之间没有主次之分，也没有什么联系，如图 5-38、图 5-39 所示。

图 5-36　外墙采用组合方形窗

图 5-37　方形窗组合

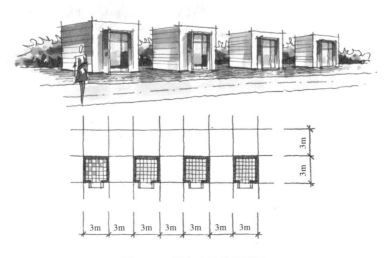

图 5-38　四个建筑单元排列

图 5-39　建筑单元排列实例

（2）把四个建筑放在一起，中间两个往后退 3m，那么这个排列组合方式就建立了一个主次的关系，成为统一的整体，如图 5-40、图 5-41 所示。另外一种对称的组合方式，在立面设计中通过突出中部造型形成视觉中心，如图 5-42、图 5-43 所示。

图 5-40　中间两个建筑单元往后退 3m

图 5-41　雅典卫城大门

图 5-42　品字形建筑单元排列

图 5-43　突出中部造型形成视觉中心

（3）在自然界中，有些事物由于有规律地重复出现或有次序的变化，可以给人带来韵律美，建筑单元在有规律的格网上，如果连续多次或有规律地重复出现，这样的组合很容易达到统一，如图 5-44、图 5-45 所示。

图 5-44　建筑单元有次序的排列

图 5-45　建筑单元有规律地重复出现实例

【学习提示】

1. 不同使用性质的建筑，要求以不同的室内空间来满足，而不同室内空间的艺术构思则需要一定形式的结构体系来支撑，这些必然导致一定形式的外部体形特征。

2. 建筑外部体型的艺术处理，是离不开统一与变化这个构图原则的，即从变化中求统一，从统一中求变化，并使两者得到比较完美的结合。一般应注意构图中的主要与从属、对比与协调、均衡与稳定、节奏与韵律等方面的关系。

【实践活动】学习任务布置

1. 给出 1 个 3m×3m×3m 的建筑单体，进行简单的立面造型设计。

2. 给出 4 个 3m×3m×3m 的建筑单体，进行形体组合。

【活动评价】（表 5-2）

表 5-2

评分细项（50%）	评分项目	学生自评	小组评定	教师评分	平均分	总评分
	单体造型					
	形体组合					
整体版面（50%）						
签名						

【知识链接】

1. 不同形象变化的空间给人不同的空间感受，是通过空间中点、线、面的不同造型组成的。空间的界面最终要表达的是"虚"空间给人的感受，把握住了实体部分，虚空间也就能达到预期效果。

2. 空间常见的类型：

（1）固定空间和可变空间；

（2）静态空间和动态空间；

（3）开敞空间和封闭空间。

【想一想】

1. 如何进行简单的空间造型与建筑单体组合？

2. 在有规律的格网上，如何进行建筑单体排列，使其出现主次关系或韵律感？

任务 3 基本的场地环境设计

【任务描述】

通过学习基本的场地环境设计的内容及建筑物单体组合的手法；使学生能够了解室外活动设施的内容；掌握场地环境设计常用的设计手法。

【任务实施】

1. 讲解示范

（1）场地环境设计的内容。

（2）建筑物单体组合的手法。

（3）室外活动设施的内容。

（4）场地环境设计的多种手法。

2.学生练习

【学习支持】

1.场地环境设计的内容

场地在狭义上是指建筑之外的广场、停车场、室外活动场、室外展览场之类的内容，广义的场地环境设计要素包括了基地中以下的内容：建筑物，室外活动设施，绿化景观设施，交通系统，工程系统等，通过合理地安排，试图营造出满足人们活动与交往需求的场所空间，如图5-46、图5-47所示。

图5-46　上海浦东城市广场

图5-47　上海浦东城市广场的小卖部

从上面案例可以看到，大到城市广场，小到校园，社区的室外交往空间，场地环境设计除了满足人们的使用要求，也承载着精神层面的需求，通过对周围文化的理解，设计师往往表达出自己特定的思想和意图。

一个好的场地环境设计，是指各构成要素之间要有正确的组织，包括有完整的空间关系，功能组织合理，整体风格特色鲜明，如图5-48所示。

中国建筑传统历来重视与环境的关系，在场地处理上善于结合、利用基地的现有条件。西方建筑传统更强调对场地的改造，表现出规律性很强的人为秩序，如图5-49所示。

2.建筑物组合的手法

一个场地一般都会有多栋建筑物，通过以下的组合方式，建筑群之间形成有机的整体：

图 5-48　场地环境设计　　　　　　　　　　图 5-49　法国凡尔赛宫花园

（1）对称的组合手法：中国古建筑的单体形式一般比较简单，通过群体组合获得变化，对称的布局是常用的手法，如图 5-50 所示。

图 5-50　北京故宫

这种布局的建筑有明显的中轴线，主体部分位于中轴线上，适用于需要庄重、肃穆感觉的建筑，例如政府机关、法院、博物馆、纪念堂等。

（2）不对称式自由灵活的布局能适应功能的不同需求。通过轴线拉伸、错位、转折等手法，建筑组合可形成不对称的布局，通过不同体量或形状的体块之间多种连接方式，形成视觉中心，这种布局容易适应不同的地形环境。

德国的包豪斯校舍是现代建筑的代表作。它在功能处理上有分有合，关系明确，方便而实用，在构图上采用了灵活的不规则布局，建筑体型纵横错落，变化丰富，立面造型充分体现了新材料和新结构的特点，如图 5-51

所示。

图 5-51　包豪斯校舍

3. 室外活动设施

一个好的场地环境设计，需要配置类型齐全的设施，满足人们的各种需要，场地室外活动设施主要有以下的几种：

（1）亭子等景观建构筑物

在现代的场地环境设计中，亭子是其中主要的设施，有以下的几个特点：

1）功能多样化

除了供人休息，在场地设计中，一些售货、交通、展览等功能也以亭子的形式展示，因此出现了各式各样的亭子建筑，根据场地具体的功能，可以设置售票亭、摄影亭、纪念亭、候车亭、小卖亭、牌亭、陶艺亭等。

同样是休息功能，现在人们的需要也与过去相比有所不同，图 5-52 亭子里设置舒适的沙发和软质台凳，为人们提供休息交流场所。

图 5-52　提供休息交流的亭子

2）空间界面围合形式多样化

类似图 5-53 这样的亭子，墙面围合方式很灵活，可以从一面开敞到四面开敞，具体根据使用功能的需要而定，有的墙面和顶面采用一体化构件，阳光可以从顶面照进亭子，内部呈现阳光投影下的多种变化。

图 5-53　休闲亭

3) 体现新材料与新技术的多样化

现代的亭子很多简洁时尚，亭子的建造材料不仅局限木材，还有混凝土、石材、金属、塑料、玻璃、人造纤维等多种材料可以选用，很多设计也体现了新技术的应用，更具有时代感、科技感，图 5-54 的亭子里墙面采用镜面，投影出人的活动，设计上富有创意。

图 5-54　使用新材料的亭子

（2）景观和文化设施

1）景墙设计

景墙是指在景观环境中为划分空间、组织景色、安排导游而布置，能够反映文化，兼有美观、隔断、通透的作用的景观墙体。

景墙的文化性体现在其上可以呈现雕塑、壁画和书法等。图 5-55 的雕塑景墙以雕刻的形式出现，表达与历史名人事件相关的内容。壁画景墙主要以彩绘的形式来突出场地的文化主题，绘画的内容主要是人物、自然景观、乡土性动植物等。书法景墙通过临摹诗词歌赋的形式把意境刻画出来，提升环境的意境和品位。

图 5-55　雕塑景墙

景墙起着分隔、连接和引导空间的作用。图 5-56 是开有孔洞的景墙，将原本完整的场地空间稍做分隔，使人产生想要穿越景墙去探究的心理。景墙自身的形体、质感的变化、景墙之间不同的组合方式，均能创造出独特的景观特色。

图 5-56　具有分隔空间作用的景墙

图 5-57 的景墙仅使用朴素的纯色，在造型和组成元素方面都比较简单，以简洁的形式降低自身的吸引力，其重点在于衬托出前景，形成画布般的背景效果。景墙和前面的景观元素，两者共同形成一个主题。

图 5-57　具有背景作用的景墙

2）雕塑小品

A. 雕塑

雕塑是雕、刻、塑三种制作方法的统称，分为圆雕、浮雕和透雕三种空间形式，从表现手法上分为具象和抽象雕塑，常用材料有石、木、泥、金属等。好的雕塑作品有强烈的感染力，是组成环境设计的重要因素。

设计雕塑时，要注意其自身的材料、布局、造型的整体统一性，能结合现代材料，在立意上体现时代感，同时与其他环境配景有机结合，做到与整体环境的文化艺术气氛相协调（图 5-58）。

图 5-58　雕塑与场地环境相协调

B. 装饰柱

在场地环境设计中，很少单独使用一个柱子，一般是使用一组柱子对场地空间进行限定，排成一条直线的柱子，把场地空间分成两部分，如果柱子粗大，间距又窄，那么这排柱子无形中形成一个虚面，把场地一分为二的限定作用就比较明显，如果柱子比较细，柱子之间的间隔和空隙大，那么场地上被分开的两部分空间，视觉流动性就比较强（图5-59）。

图 5-59　一组柱子的排列

C. 照明小品

场地环境中依据功能以及用处可分为泛光灯、杆头式照明灯、低照明灯、埋地灯、水下照明彩灯等（图5-60）。

图 5-60　场地灯光的使用

灯光为场地提供照明，灯具也是场地环境中重要的设计元素，灯具造型有装饰作用，场地环境的气氛相协调的灯具，形成独特的景观风貌，满足人们的精神享受。同时，不同的灯具种类、不同的布灯方式，还可以起到空间限定的作用，不仅对不同的区域性质进行划分，还可以对人们的行为加以限定和引导（图5-61）。

图 5-61　灯具对空间的划分作用

（3）座椅、连廊等休憩设施

座椅是指露天的椅、凳、桌等休息设施，以及可供人休息、遮风避雨的连廊等。座椅、座凳应布置在路旁、林荫树下，花间或草坪上，安静舒适，景色优美，应有冬季日照和夏季遮阴，以2～3座的小型条椅为主（图5-62）。

图 5-62　座椅

（4）标识等公用设施

景观环境中标识、地图、布告栏、路标、指示牌等，对人们具有一定的指导、宣传、教育的功能。随着信息技术的发展，以及美学在景观中的应用，标识等公用设施的设计需充分体现时代感和地域文化特点（图5-63）。

图5-63　标识等公用设施

4. 场地环境设计的手法有多种

整体的场地环境设计要有全局的观念，不能只顾及自身，而是要和周围的建筑物，构造物，室外活动设施等有机地组合，互相依托，成为一个完整统一的整体，才能充分地显示出各自的表现力，脱离了其他群体追求完美，往往也就失去了自身在环境中存在的独特性。如图5-64所示的几个构造物：一段片墙（表示文化墙），四个柱体（表示文化墙），一个球体（表示灯柱），它们单独存在于环境，彼此之间没有联系，当它们能够有机地组合在一起时，就能成为统一有序的整体，如图5-65所示。

如何来有效地组织这些建筑和构造物，使场地的环境设计井然有序呢？常用的有以下的手法：

（1）巧妙地通过轴线来组织

在场地环境中，可以设置轴线，运用轴线引导或转折的方法，从主轴线中引出副轴线，使一部分建筑（构造物）沿主轴线排列，另外一部分沿副轴线排列，如果轴线引导得好，就可以建立起一种秩序感，如图 5-66 ～图 5-70 所示。

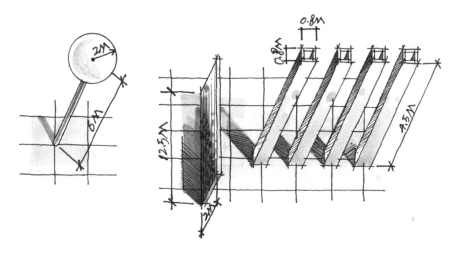

图 5-64　不同的构造物

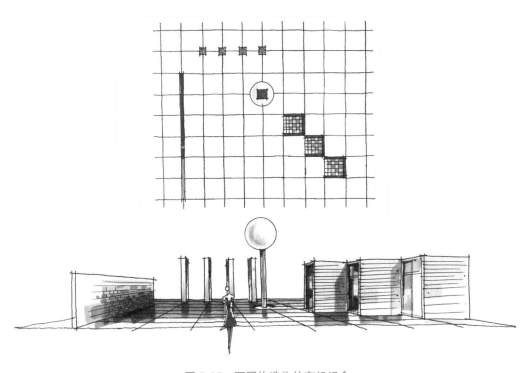

图 5-65　不同构造物的有机组合

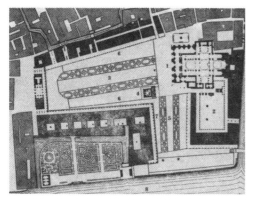

图 5-66　威尼斯广场平面图

图 5-67　威尼斯广场入口景观

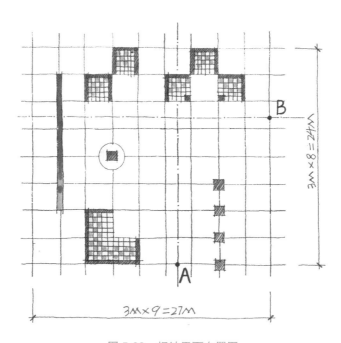

图 5-68　场地平面布置图

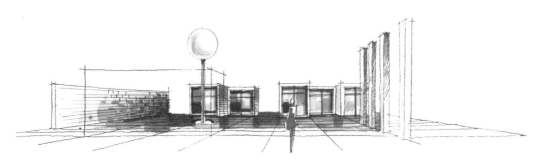

图 5-69　沿 A 点看到的场地景观

图 5-70　沿 B 点看到的场地景观

（2）把建筑物和构造物围绕着某个中心来布置，借着它们的体型围合成一个空间，那么整体环境会表现出一种秩序感，彼此之间也有联系，从而形成有机统一的整体，如图 5-71 中最高的球体成为中心广场的一个标志。

图 5-71　圣彼得广场

（3）通过抬高的基面和下沉的基面增加环境空间的多样性

抬高到地面以上的水平面，可以沿它的边缘建立一个垂直的表面。这会从视觉上加强该范围与周围地面之间的分离性，抬高的基面将在大空间中创造一个空间领域，如果将抬高基面的色彩和质感加以变化，那么这一空间范围将与周围分离，有明确区别，如图 5-72 所示。

图 5-72　抬高的场地

　　抬高高度在人的视线以下，空间范围得到良好的划定，视觉及空间的连续性得到维持，身体容易接近，有亲切感。抬高高度在人的视线高度附近：某些视觉连续性可以得到维持，空间的连续性中断，与周围空间的联系 要依靠楼梯或坡道，空间不容易随意接近。

　　现代建筑有时为了追求"高大"的形象，也采用抬高基面的方法，如政府办公楼、法院等建筑往往就采用这种方法，如图 5-73 所示。

图 5-73　罗马的西班牙广场

下沉的基面：场地基面的一部分下沉可以明确界定一个范围。这种空间范围与抬高的基面形成的空间完全不同，是有明显的可见边缘。基面下沉形成的空间的私密性要比抬高基面强得多，它对使用者有一种良好的受保护的亲切感，通过高度的渐变（楼梯或踏步）创造一种过渡形式，在下沉空间与周围环境中形成空间的连续性（图 5-74）。

图 5-74　下沉的广场

【学习提示】

1. 通常建筑空间或景观空间一般都用两个以上的序列组织起来的，孤立地运用几种手法不利于统一性的塑造，而过分注重局部空间也会影响整个空间的完整性。

2. 空间序列设计一般有以下规律，如序幕、展开、高潮、结尾。序幕、展开空间是为之后的高潮做铺垫，序幕和展开的长短反映着高潮出现的早晚。为了烘托高潮空间，需要强烈的对比来形成，一旦高潮出现，空间序列即将结束。

【实践活动】

1. 根据图片能指出场地环境设计的内容；

2. 根据图片能指出室外活动设施的内容；

3. 指出建筑物和组合场地环境设计中常用的手法。

【活动评价】（表 5-3）

表 5-3

	评分项目	学生自评	小组评定	教师评分	平均分	总评分
评分细项（100%）	场地环境设计的内容					
	室外活动设施的内容					
	建筑物和场地环境设计中常用的手法					
签名						

【知识链接】

1. 空间的组织在场地设计时很重要。由于空间功能的复杂性，使得空间不可能以单一的形式存在，而通常是以多个空间组合的形式出现。人们对空间的感受，是在穿行空间过程中的感受。

2. 空间的组合形式多样，常见的形式有：集中式组合、线式组合、辐射式组合、组团式组合、网格式组合。

【想一想】

1. 如何把建筑物和构造物围绕着某个中心来布置？

2. 如何巧妙地通过轴线来组织主要空间？

任务 4   能绘制轴测图，完成空间环境设计作业

【任务描述】

> 通过学习和作业练习，使学生能够进行简单的场地环境设计，掌握轴测图的画法，并要求学生完成空间环境设计作业。

【任务实施】

1. 任务布置说明

（1）按照图示尺寸绘制图框，尺寸不需标注；

（2）在总平面图中（图 5-75），根据所示的尺寸，在图中进行学校休闲区环境设计。设计元素包括 8 个 3m 高、2.5m×2.5m 的亭子；4 根 4.5m 高、0.6m×0.6m 的柱子；一堵高 2.5m、长 12.5m 的墙；以及 1 根高 6m 的灯柱，顶部造型灯半径为 1.8m，灯柱直径 0.6m。灯柱平面形态如图 5-76 所示。

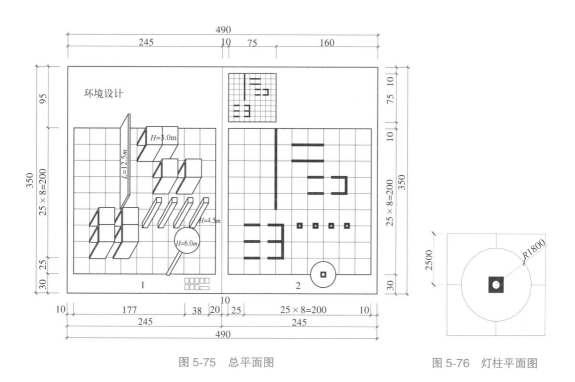

图 5-75　总平面图　　　　　　　　　　图 5-76　灯柱平面图

（3）作业要求：

1）用已知元素在平面图中设计出聚会休闲区、通道区、宣传栏等区域；

2）以 60°绘制斜轴测图；

3）收集地面材料及拼花的图例，绘制在平面布置图中；

4）初步学会使用比例尺；

5）注意保持图面的整洁。

2. 教师讲解示范

3. 学生完成任务

【学习支持】

1. 轴测图的绘制

常用的轴测图有正等测、正二测、正面斜等测和正面斜二测，下面我们介绍正等测轴测图的画法。形体的三个空间坐标轴 OX 与 OY 之间的夹角是 $90°$，OZ 与 OY 之间的夹角是 $30°$，可直接用三角板配合丁字尺来作图，如图 5-77 所示。

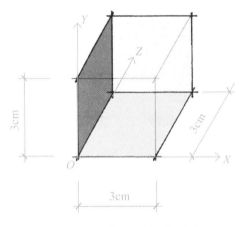

图 5-77　正等测轴测图的画法

（1）一个 $3m \times 3m \times 3m$ 的建筑，如图 5-78 所示，平面和外透视如图所示，墙体厚 0.2m，我们该如何画出轴测图呢？

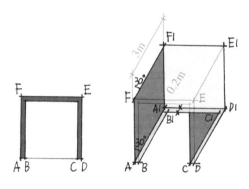

图 5-78　建筑平面和外透视

第一步，按 1：100 的比例画出平面图，画出外墙的位置。

第二步，沿 A，D，E，F 这 6 个点，与 AF 成 $30°$ 角画直线，量取 3cm，得到 A1，D1，E1，F1，连接起来。

第三步，沿 B，C 两点画 AA1，DD1 的平行线，和沿 A1D1 往下 0.2m 的平行线相交于 B1，C1，连接 BB1C1C，就画出墙的轴测图。擦去被墙体和屋顶遮盖的线条，就得到最终的轴测图，如图 5-79 所示。

（2）一个直径 0.5m，高 6m 的圆柱如何画轴测图呢？如图 5-80 所示，以 A 点为圆心，画直径为 0.5cm 的圆，沿 A 点，画与垂直线成 30°角的斜线，往上量 6cm，到 A1 点，以 A1 点为圆心，画半径为 0.25cm 的圆，沿外切线连接上下两个圆的边线，擦去不可看到的线，就得到圆柱体的轴测图，如果在圆柱上方放置一个直径为 4m 的球体，就以 A1 为圆心，画半径为 2cm 的圆。

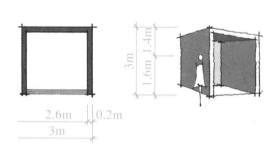

图 5-79　建筑轴测图

图 5-80　灯柱轴测图

2. 铺装设计

场地铺装要满足人们活动、集会的使用要求，铺装材料应耐久，防滑、坚实、平整、具有稳定性，方便人们的出行和活动，保证车辆和行人安全、舒适的通行。良好的场地铺装设计，会提高景观环境的品质，为人们创造优雅舒适的环境，营造温馨合宜的交往空间，创造生活情趣，提高人们的生活质量。

（1）铺装材料的质感

质感是材质给人的感觉和印象，是经过视觉和触觉处理后对材质产生的心理现象。比如凹凸的肌理增强了行人踩踏的触觉，自然面的石板表现出原始的粗犷质感，使人感到稳重、沉着、开朗，粗糙的表面可以吸收光线，减少阳光对人视线的反射影响，适合大空间，光面的地砖透射出的是华丽的精致质感，给人以轻巧细致的感觉，适合小空间，如图 5-81、图 5-82 所示。质感变化也要与色彩结合起来考虑，如果材料色彩和图案变化十分丰富，则质感相应的要统一、简洁。

选用质感对比的方法铺地，也是提高质感美的有效方法。例如：在草坪中点缀步石，石的坚硬、强壮的质感和草坪柔软、光泽的质感相对比，如图5-83、图5-84所示。

图 5-81　表面粗糙的材质　　　　　　　图 5-82　表面光滑的材质

图 5-83　质感对比的铺地方法（1）　　　图 5-84　质感对比的铺地方法（2）

（2）铺装色彩

铺装色彩的选择应能为大多数人所共同接受，要结合建筑物，整体环境的气氛来考虑，或宁静安定，或热烈活泼，或野趣自然，要有统一的设计，如果色彩过于丰富鲜艳，则可能会喧宾夺主，甚至会造成混乱的气氛。江南园林地面铺装就有着自己独特的色彩，与整体城市色系、周围环境非常协调，铺地细腻的图案、材质变化，与园林其他要素一起，共同营造出江南水乡的淡雅恬静的情调，如图5-85、图5-86所示。

图 5-85　江南园林的色调

图 5-86　江南园林的铺装设计

（3）铺装图案

在场地环境中，地面常常装饰以各种各样的图案，来衬托美化环境，增加景色，加深意境。在选择路面材料的时候，应该考虑到这条路的用途，车行和步行道，通行能力不同的道路都会有不同的做法，场地中心区域地面往往有独特的图案设计，起强调的作用。不要将许多颜色和质感不同的路面材料混合在一起使用，首先要确定用这些材料组合的图案是否跟周围的建筑和环境相协调，如图 5-87 所示。

图 5-87　场地的铺装图案

3.绿化设计

植物根据外部形态分为六种：乔木、灌木、藤本、竹类、花卉和草地六类。乔木具有体形高大、主干明显、分支点高、寿命长等特点，有大乔木（20m 高以上）、中乔木（8m ～ 20m 高）和小乔木（8m 以下）之分。灌木没有明显主干，多是丛生状态，分为大灌木（2m 高以上）、中灌木（1m ～ 2m 高）、小灌木（1m 以下），开花灌木用途最广，常用在重点美化地区。藤本植物也称为攀援植物，需依附在花架、篱栅、岩石和墙壁上生长。竹类属于乔本科的常绿灌木或乔木，体形叶片优美，观赏性很强。花卉姿态优美，花色香味多种多样，有一年生、二年生、多年生花卉、球根花卉和水生花卉等。草皮植物是指种植低矮的草本植物，用以覆盖地面，也称为草地和草坪，是供游人露天活动和休息的理想场地。不同的植物可以给场地空间提供不一样的视线感受效果，如图 5-88 ～图 5-93 所示。

绿化需要根据场地灵活布置。场地中心范围的植物可以使用灌木与草坪类，让视野宽阔，边缘位置可布置较高的乔木类植物，起到围合空间的效果。在可观看到中心雕塑的道路上一侧应布置灌木，不遮挡视线。

布置植物时也需根据场地设计的色调效果来配置，好的设计使场地的植物不会显得单一，会有不一样的视觉变化层次，如图 5-94 所示。

图 5-88　乔木

图 5-89　灌木

图 5-90　藤木

图 5-91　草地

图 5-92　竹类

图 5-93　花卉

图 5-94　绿化的色彩搭配

4. 水景设计

水景作为景观环境中的主体或中心，具有景观营造、休闲游憩、改善生态环境等功能和作用。水景具有通透性，不会阻碍视线，将环境景点联系起来，起到引导人员流线的作用。一般人具有亲水性，水景提供了人们与自然亲近的机会，创造出适合人群活动的室外场地和各种不同形式的活动空间。

常见的水景形式有静水、流水、落水、喷水等几种。

静水是指水面开阔且基本不流动的水体，水面就如同一面大镜子，可以反映周边的景观面貌，倒映出周边的景物，丰富了空间层次，丰富了人的想象力，如图 5-95 所示。

流水是指沿平方向流动的水，包括蜿蜒曲折的溪流、整齐有序的渠流、四处满溢的漫流。流水利用水的可塑性，表现出各种各样的形态，带给人兴奋欢快之感，如图 5-96 所示。

图 5-95　静水

图 5-96　流水

落水是指突然跌落的水流，不同的出水量营造出不同的气势，不同流速水的撞击声也会产生不同的音效，同时配合景观的照明效果，使其更加迷人，绚丽多彩，如图 5-97 所示。

喷水是指压力作用下自喷头中喷出的水流，包括射流和水雾，可以结合主题雕塑或与其他小品共同形成景观，如图 5-98 所示。

综合以上内容，需要把建构筑物、雕塑小品、铺装、绿化、水景等综合在一起考虑，整体的场地环境设计才会更加完整。

图 5-97 落水

图 5-98 喷水

【实践活动】

1. 绘制总平面

复习任务三中关于场地设计的原理，在格网上先确定 8 个亭子，4 根柱子，1 片墙，1 根灯柱的位置，亭子可以采用各种围合的形式，如图 5-99、图 5-100 所示。

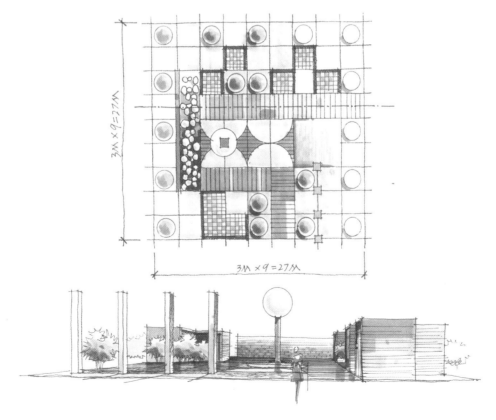

图 5-99 广场中绿化、铺地设计

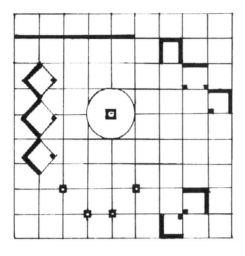

图 5-100　规划、绘制总平面

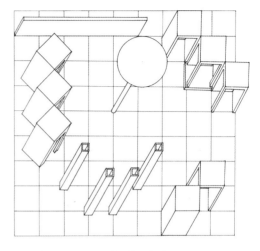

图 5-101　用轴测图表达总平面

2. 绘制轴测图

在总平面完成的基础上绘制轴测图，进一步感受建筑群体的空间关系，如图 5-101 所示。

3. 布置环境

1）在场地上布置道路，绿化，水池等，进行环境设计，路面常用的图例如图 5-102 所示。

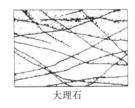
大理石

毛石

木地板

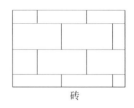
砖

图 5-102　路面常用的图例

2）绿化平面在图中表现植物的规格大小（冠径）、种植点。不同的植物，如乔木、灌木及花、草等的绘制，采用《总图制图标准》GB/T 50103—2010 中绿化图例，如图 5-103 所示。

3）水面常用的图例，如图 5-104 所示。

4. 绘制总平面，环境布置，如图 5-105 所示。

名称	图例	名称	图例
落叶阔叶灌木		常绿阔叶灌木	
落叶阔叶乔木		常绿阔叶乔木	
落叶针叶树		常绿针叶树	
草坪		竹类	

图 5-103　绿化图例

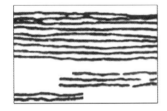 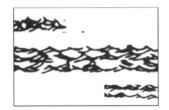 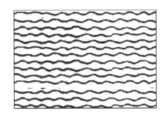

图 5-104　水面常用的图例

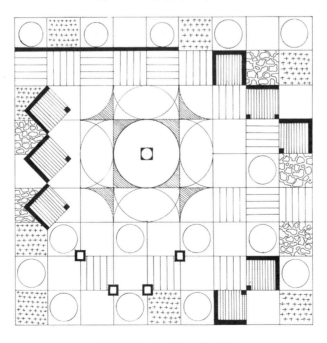

图 5-105　总平面环境布置

5. 绘写标题，整理图面，上墨线，完成空间环境设计，如图 5-106 所示。

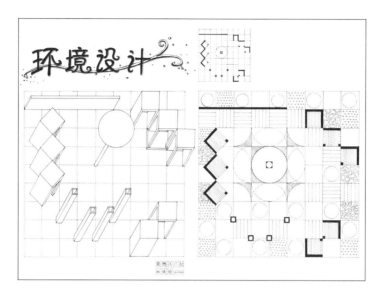

图 5-106　空间环境设计

【学习提示】

1. 要求认真分析任务书中设计内容与要求，掌握基本的设计方法与设计流程，进行简单的场地环境设计；

2. 各功能空间是相互依托密切关联的，它们依据特定的内在关系共同构成一个有机体。设计时要注意空间主次的关系、空间的围合等。

【活动评价】（表 5-4）

表 5-4

	评分项目	学生自评	小组评定	教师评分	平均分	总评分
评分细项（50%）	总平面绘制					
	轴侧绘制					
	环境布置					
整体版面（50%）						
签名						

【知识链接】

1. 空间围合感的关键是边角的封闭，限定的元素的体量、形式、虚实等影响了限定空间的开放程度，限定性越弱流动性越强。

2. 空间环境设计是由实体空间和虚体空间组构的环境氛围所带来的综合感受。空间环境设计表达，必须调动所有的信息传递工具才能让受众真正理解和接受。在某种程度上，空间环境表达和空间环境设计本身同样重要。

【做一做】

1. 用建筑单体（8 个亭子），做出 2 ～ 3 种不同组合空间；

2. 运用所学的空间环境知识，做出 2 ～ 3 种不同空间的围合，要求主次空间明确。

【优秀作品展示与评价】

[作品一]

建筑群体的空间关系比较明确，主空间围合感比较强，图面干净、整洁、美观，如图 5-107 所示。

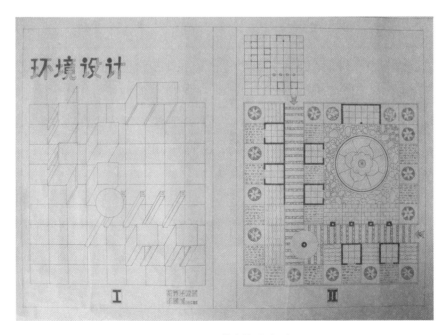

图 5-107　学生作品（1）

[作品二]

在建筑群体的组合中，主要空间围合感较强；绿化、道路等把建筑物有机地组合在一起，使整体的场地环境比较完整，如图 5-108 所示。

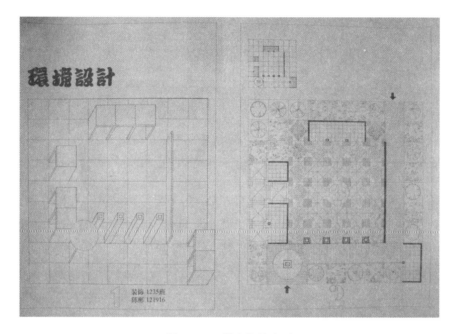

图 5-108　学生作品（2）

项目 6
家居单一空间装饰方案设计

【项目概述】

　　本项目以家居主卧装饰设计方案为案例（图6-1），要求学生对主卧空间进行调研及相关资料的搜集；掌握功能分区规划；熟悉常用家具尺寸及功能区的尺度，准确把握家具、设备，交通交往尺度等相关人体工程学数据；掌握装饰方案设计的方法、步骤并能够进行平面布置；学会灯具的基本配置，了解光环境设计；学会空间界面处理的基本方法，并进行几种界面的处理；实施陈设配饰的配置；具备对家居装饰材料的属性和性能的初步认识，并选择与运用；运用常用手绘表现技法和工具绘制主卧装饰设计方案效果图。

图6-1　家居主卧室

任务1　主卧空间调研、资料的搜集

【任务描述】

　　学生2～3人自愿结成小组，并以业主或设计人员的身份在市区某家具城和实景样板房进行参观与调研，搜集相关资料。通过调研活动，学生应熟记主卧常用家具的尺寸及相关的行为空间的尺度；结合学习相关的装饰材料、陈设设施配置、灯光照明等基础知识，对主卧空间的装饰设计有一个感性的认识，为后续的主卧室内空间装饰设计奠定一个良好的基础。

【任务实施】

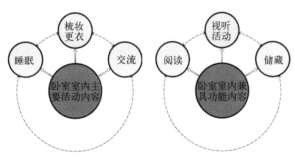

图6-2　主卧的空间组成

　　1. 熟悉调研任务书的内容与要求，并能对调研任务书进行分析；

　　2. 实地参观调研，对主卧及主卫空间主要活动内容形成初步的了解，如图6-2、图6-3所示；

图6-3　卫生间的空间组成

3. 搜集主卧优秀实例，实地测量并手绘常用家具及设备尺寸，了解相关的装饰材料、陈设设施配置、灯光照明及相关的行为空间的尺度等，如图 6-4 ～图 6-6 所示；

图 6-4　主卧中式风格

图 6-5　主卧欧式风格

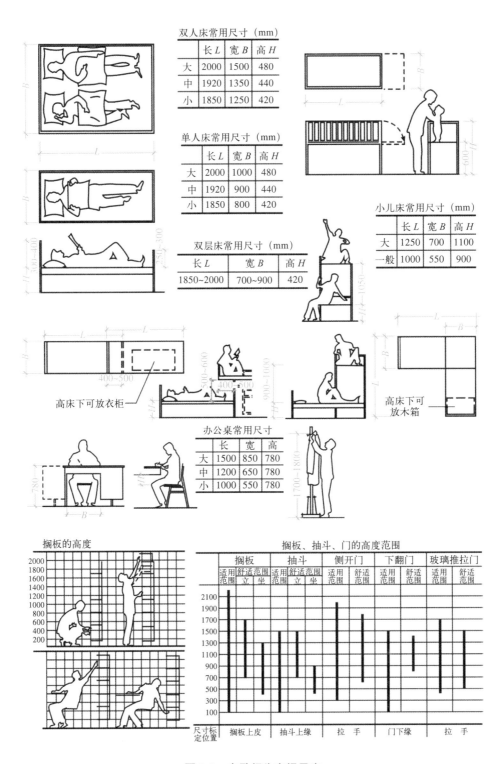

双人床常用尺寸（mm）

	长 L	宽 B	高 H
大	2000	1500	480
中	1920	1350	440
小	1850	1250	420

单人床常用尺寸（mm）

	长 L	宽 B	高 H
大	2000	1000	480
中	1920	900	440
小	1850	800	420

双层床常用尺寸（mm）

长 L	宽 B	高 H
1850~2000	700~900	420

小儿床常用尺寸（mm）

	长 L	宽 B	高 H
大	1250	700	1100
一般	1000	550	900

高床下可放衣柜

办公桌常用尺寸

	长	宽	高
大	1500	850	780
中	1200	650	780
小	1000	550	780

高床下可放木箱

搁板的高度

搁板、抽斗、门的高度范围

	搁板			抽斗			侧开门		下翻门		玻璃推拉门	
	适用范围	舒适范围立	坐	适用范围	舒适范围立	坐	适用范围	舒适范围	适用范围	舒适范围	适用范围	舒适范围
尺寸标定位置	搁板上皮			抽斗上缘			拉手		门下缘		拉手	

图 6-6　主卧行为空间尺度

4.利用拍照等手段记录主卧空间主要装饰要素，如图6-7所示，收集1～2种装饰风格或装饰主题的实例；

图 6-7　主卧空间主要装饰要素

5.以小组为单位，整理、分析、汇总调研资料，并针对收集的资料以多媒体形式进行交流，进行多层次评价，以进一步提高对主卧的感性认识；

6.以小组为单位编写、绘制主卧室内设计与装饰调研报告。

【学习支持】

学生实地参观、调研、测量并手绘主卧装饰设计图，了解主卧的性质及空间位置、主卧室内设计规划及主卧室内家具、陈设配饰与室内环境艺术的关系等，对主卧空间的装饰设计形成一个感性的认识。

1.主卧的性质及空间位置

主卧始终是家居空间环境必要和主要的功能区，功能包括：睡眠、娱乐、休闲、工作、储藏等内容，其中睡眠的功能依然占据着家居空间的重要位置，人们始终给予足够的重视。首先是主卧面积的大小应满足基本的家具布置，如双人床的摆放以及配套家具，其中包括床头柜、衣柜、梳妆台等的位置确定，以营造主卧的功能和气氛。其次要恰当的安排主卧室的位置，睡眠区域在家居中属于私密性很强的空间——安静区域，因而在家居空间组织方面，往往安排其在最里端，和门口保持一定的距离，同时也要和客厅等公用部分保持一定的间隔，以避免互相之间的功能干扰。

2.主卧室内设计规划

主卧室内设计规划，既要规划空间，又要规划生活。主卧设计规划时要考虑门、窗的位置以及隔音、防音的问题，主卧的设计除了睡眠的功能以外还会涉及更衣、化妆、衣帽间、卫生间等功能。其室内空间既要注重有利于采光、通风、照明、光线、声音、色彩，又要注重触觉、家具和灯具布置、饰面材料与造型、绿色植物、艺术陈设等的具体设计与材料的选用，以保证主卧室满足一定物质功能和精神功能。

3. 主卧室内家具、陈设与室内环境艺术的关系

在主卧室内空间的装饰设计中，艺术氛围是由室内空间、界面（地面、顶面、墙面）、家具、陈设、配饰等共同营造的。

◆ 家具、界面的室内环境艺术作用

主卧室内主要家具包括床、衣柜、梳妆台，这些家具的款式、色彩、体量、质感等，直接影响着主卧室内的环境艺术。家具的款式及体量和室内空间有着密切的关系。常见的家具款式有中式、欧式、现代式等，家具的选用必须与主卧室内空间的整体气氛或风格相协调。如主卧室内主要家具，选择了中式的，其空间、界面的设计与处理一般也以中式的风格为主，如图6-8、图6-9所示。

图6-8　家具的款式于风格一致

图6-9　家具与界面风格一致

◆ 陈设、配饰的室内环境艺术作用

主卧室内主要陈设、配饰包括家用纺织品、日用品、工艺品、绘画、雕

塑、绿化等，它们是营造室内空间环境不可缺少的组成部分，其功用贯穿于整个室内装饰设计中。室内陈设、配饰不仅有一定的使用功能，而且还渗透着主人的人格气质、文化修养等，也体现了设计作品丰富的精神文化内涵。陈设、配饰的室内环境艺术主要作用是组织空间、引导人流；营造空间氛围、强化空间风格；改造空间的形态、柔化空间的环境；还可凸显空间主题，反映地域特征和个人爱好，如图 6-10、图 6-11 所示。

图 6-10　利用陈设配饰凸显空间主题

图 6-11　利用陈设、配饰营造空间氛围

【学习提示】

1. 根据主卧空间功能要求和环境特征，可运用绘画基础的基本技能，抓

住重点进行速写收集资料，也可用拍照、录像等方式作为辅助记录手段。

2.对空间的理解，一般来说，设计师靠绘图和创建模型，靠亲身体验一个项目的空间，来获得对建筑空间的理解和身心感受。

3.通过专业绘图来理解空间，这是一种对长、宽、高之间关系形成细致和精确地记录的绘图形式。如实地考察、现场测量，可以清晰地感受到室内空间各要素之间的比例、尺度等关系。要真正的理解空间，需要很长一段时间的学习与实践，现场测量对理解错综复杂的空间有很大的帮助。

【实践活动】

1.以小组为单位，实地参观调研，搜集主卧优秀实例，实地测量、手绘常用家具、设备尺寸及相关的行为空间的尺度；

2.通过实地参观调研，对主卧及主卫空间主要活动内容形成初步的了解；

3.通过实地参观调研，了解相关的装饰材料、陈设设施配置、灯光照明等，对主卧空间的装饰设计形成一个感性的认识；

4.在进行资料搜集工作同时，利用拍照等手段记录主卧空间主要装饰要素，并要求收集1～2种装饰风格或装饰主题的实例；

5.以小组为单位，整理、分析、汇总调研资料，并分组选派代表针对收集的资料以多媒体形式进行班上交流，并进行多层次评价，更进一步提高对主卧空间的装饰设计感性认识；

6.以小组为单位编写、绘制主卧室内设计与装饰的调研报告。

【活动评价】（表6-1）

表6-1

	评分项目	学生自评	小组评定	教师评分	平均分	总评分
评分细项（50%）	资料搜集与分析					
	解决问题的能力					
	团队协作					
整体版面（50%）						
签名						

【知识链接】

在家居室内设计与装饰中，人们对室内环境的要求越来越高，设计也逐渐从理性向感性过渡，即满足人们的情感需求。因此，使更多的装修风格融入到家居装饰中，已经成为业内常态和时尚。下面就以简约·新中式、欧美式风格为例，阐述如下：

1. 简约·新中式风格

当今流行的简约·新中式风格是将中国的传统文化审美元素融入现代人的生活方式中，使之既能传达出中式文化的传统神韵，又能符合现代人的生活与审美需求，兼容并蓄，追求创新。在家居装饰设计上继承了明清时期家具设计理念，将其中的经典元素提炼并加以丰富和体现，做到淡雅的色彩明快而富有个性，简洁硬朗的线条、对称的布局以及富有禅意的空间韵味；力求在继承和发扬传统文化的基础上打造出一个简约大气、清雅含蓄的家居环境氛围。典型的新中式装饰元素，如：字画、挂屏、瓷器、古玩、屏风、博古架、竹、灯笼等，如图 6-79 所示。

2. 欧美式风格

欧美式风格泛指欧洲特有的风格，按地域文化的不同，当今流行的欧美式风格大致有：美式风格、英伦风格、法式古典主义风格、北欧风格、地中海风格等。用欧美式风格来体现一种浪漫、优雅气质和生活的品质感。在家具的选配上，一般采用宽大精美的欧式家具（往往配以精致的雕刻），整体营造出一种高贵、奢华、大气等感觉。在色彩上，经常以黄色系为主，搭配深棕色、金色等。典型的欧式主要元素，如装饰柱、壁炉、油画、水晶灯、罗马帘、实木线、壁纸等，如图 6-5 所示。

【想一想】

1. 主卧室内设计规划指的是什么？主要考虑哪些因素？

2. 家具、陈设配饰、界面在室内环境中的作用是什么？

任务2 主卧空间功能分区规划

【任务描述】

熟悉主卧室内设计与装饰任务书中的内容与要求，在对主卧空间的装饰设计感性认识的基础上，学习和分析主卧空间功能分区规划的特点和要求，并在给定的主卧平面图中，根据任务书中所描述的地域环境特征、装饰风格及各功能区，能够合理地进行平面功能分区规划。

【任务实施】

1.熟悉设计任务书的内容与要求，并能对设计任务书进行分析；

2.熟悉相关的主卧平面图，明确原建筑平面图上的每一条线，每一个图形所代表的含义及内容，如：墙体结构、门窗、管井、地面标高等；

3.按比例徒手勾画主卧平面图，并根据业主家庭主要成员（男女主人）年龄、职业、生活习惯等特点及主卧空间的基本功能与使用要求，确定主卧各空间的功能定位，进行功能分区规划，如图6-12、图6-13所示；

图6-12 某家居平面图

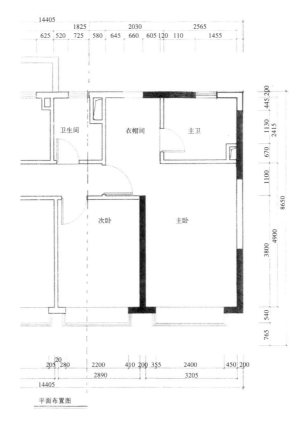

图 6-13　主卧平面图

4. 根据主卧空间的功能定位，分析各功能区的功能关系。要求确定各区域分隔与联系的方式及交通关系。要求各区域之间相对独立，避免干扰，又有着相互的联系，使用方便。

【学习支持】

学生在主卧空间的调研、资料搜集的基础上，通过学习主卧空间功能分区规划的特点和要求，理解主卧的生活行为与平面布局之间的关系，能够顺利地进行主卧平面功能分区规划。

1. 主卧的功能分区规划的特点和要求

主卧是供房主人在其内睡觉、休息的房间，是居住环境必要的甚至是主要的功能区域。它不仅要满足夫妻双方情感与志趣上的共同爱好，而且也必须顾及双方的个性需求。主卧若是有足够的空间，就可以在卧室的布局上设法解决双方个人的领域，又分又合显然是更为时尚、更为理想的布局。

主卧高度的私密性和舒适感是其功能分区规划的基本要求。其主要功能区包括休息区、梳妆区、休闲区、储藏区（独立衣帽间）、洗漱区，如图 6-14 所示。

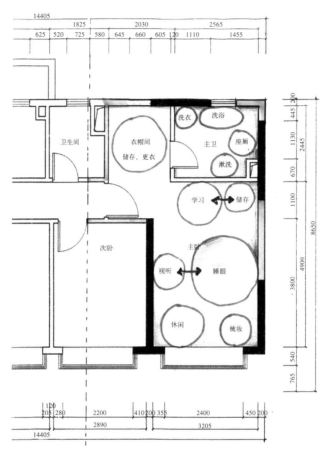

图 6-14　主卧功能区域图

（1）休息区

主卧室休息区的主要家具是床和床头柜，对其位置应给予恰当的位置摆放，如：考虑门、窗的位置以及隔声、防声的问题等。

（2）梳妆区

主卧室的梳妆区应包括美容和更衣两部分，一般以美容为中心，以梳妆台为主要设施，现代室内设计常设置更衣室或更衣区，将梳妆和更衣等活动结合在一个设施完善的空间中。如图 6-15 所示对梳妆区的位置宜根据卧室的面积灵活安排，适当注意光线的要求，梳妆区的活动可分为组合式和分离式两种形式。

图 6-15　主卧梳妆区结合更衣区

（3）休闲区

主卧室的休闲区是在卧室内满足夫妻双方视听、阅读、思考等，所以可安放些视听设备、沙发或躺椅、落地灯等以配合活动的需要，如图 6-16 所示。对休闲区的位置的安排宜选择适宜的空间区域，配合家具与必要的设备。

图 6-16　主卧休息区结合休闲区

（4）储藏区

主卧室的储藏区或衣帽间是卧室的组成部分，其位置的确定应利于卧室与其有机结合，形成一个和谐的空间；设置其容量、功能较为完善的储存区域，或在卧室条件允许的情况下，设置独立的衣帽间，如图 6-17 所示。

（5）洗漱区

主卧室的洗漱区是主人的专用卫生间，一般是要求较高独立的空间。卫生间有多样设备和多种功能，又是私密性要求较高的空间。主要设备有洗面盆、浴盆或淋浴喷头、抽水马桶。在条件允许的情况下，可考虑储藏和洗衣设备等的配置。

图 6-17　主卧储藏区或独立衣帽间

2. 主卧的生活行为与平面布局

在规划主卧室内空间时，归纳和整理主卧的生活行为内容以及这些行为与室内空间之间的对应关系是十分重要的。可利用功能分区规划和动线设计分析来探讨各行为空间与室内空间之间的位置关系。功能分区规划指的是，按主要用途将行为区域进行整理，在此基础上，再开展平面布置设计。动线设计是通过分析人、物品的移动轨迹、容量、方向、变化等，规划出能保障人、物品在各种各样的生活行为中顺畅行走和移动的空间，如图6-18所示。

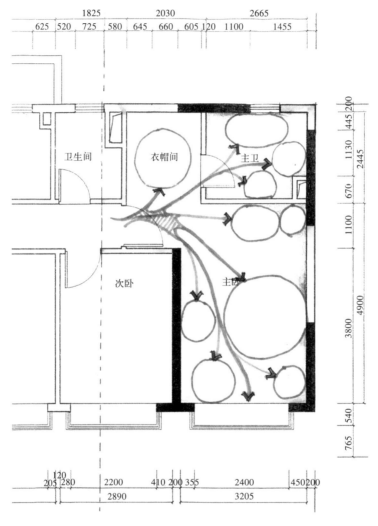

图 6-18　主卧交通关系图

【学习提示】

1. 原建筑平面图在室内装饰设计中扮演着重要角色，在空间规划过程中它们常常是第一个用到的重要依据，可按比例徒手绘制。

2. 进行主卧平面功能分区规划时，应充分理解原建筑平面设计的构思，深入了解套内的总体布局、功能布置及结构体系。了解房主人的家庭情况及具体要求等。

3. 各功能区，要求相对独立，尽量避免干扰；各区域之间，要求有着密切的联系，应使用方便、舒适。空间规划的进程一般在水平面的工作刚刚开始时就应该考虑垂直面的影响。

4. 进行各功能区规划，可以自由发挥想象力，但应当把相关的设计原理作为指导性的原则。因为遵循设计原理一般能呈现出好的方案。

5. 图纸的"比例"，指的是图纸上的一个简单的长度单位和它对应的"现实"尺寸之间的换算比值。手绘设计图纸，在落笔之前就需要确定比例，并使图形的比例与家具的比例一致。

【实践活动】

根据给定的建筑平面图，按照主卧设计任务书的内容与要求，对主卧空间进行各区域功能规划设计。

1. 熟练的识读相关的主卧建筑平面图；
2. 根据设计任务书的内容与要求，对主卧室内的主要活动内容进行分析；
3. 按比例徒手勾画主卧建筑平面图；
4. 根据主卧空间的基本功能与使用要求，进行主卧各空间的功能划分与定位；
5. 根据主卧室内空间的主次关系，确定各区域功能规划设计。

【活动评价】（表 6-2）

表 6-2

	评分项目	学生自评	小组评定	教师评分	平均分	总评分
评分细项（50%）	识读平面图					
	功能区域分析					
	规划平面功能					
整体效果（50%）						
签名						

【知识链接】

1. 室内空间的主次关系

在确定了主卧空间的各区域之后，就要根据其使用要求来安排空间，供主人睡眠休息的主要空间和辅助主人完成这一活动的从属空间之间的关系即空间的主次关系。

2. 室内空间的分区

根据主卧空间的使用性质，进行分区，从而达到功能明确、互不干扰、使用舒适的要求。设计人员要善于利用技术手段来处理静、闹隔离等问题；要善于通过各种设计手法对空间进行分隔，甚至对原有建筑内部进行重新分隔组织，从而更好地符合主卧功能的需要。

【想一想】

1. 主卧空间的主次关系指的是什么？有什么要求？
2. 在规划主卧室内空间设计时，动线设计指的是什么？

任务 3　主卧平面设计与布置

【任务描述】

通过对装饰设计的方法和步骤、主卧空间常用家具、设备尺寸及各功能区的尺度、交通交往等相关人体工程学数据的学习与分析，掌握常用家具、设备尺寸及各功能区的尺度，能进行主卧平面设计及家具布置。

【任务实施】

1. 在提供的建筑平面图上，根据主卧各空间的功能区定位、规划，深化功能分区的形式，确定主卧空间的功能关系，如图 6-19 所示；

2. 根据主卧各空间之间的功能关系，在整体上把握动态交通空间和静态功能空间的关系，设定合理的空间位置，分析得失利弊，确定平面初步方案，如图 6-20 所示；

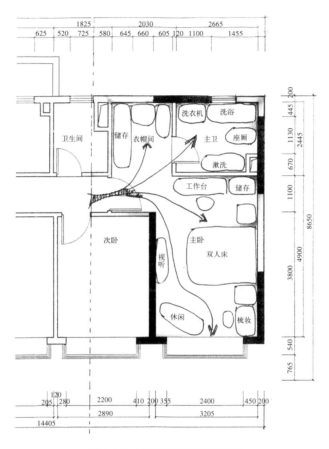

图 6-19　主卧空间功能关系图

3. 在平面初步方案的基础上，也就是在完成了圆与方图形思维的多次反复后，学习装饰设计的方法和步骤，学习与分析家具应用、交通交往等相关人体工程学数据，掌握常用家具、设备尺寸及各功能区的尺度，再进行平面布置草图绘制；

4. 根据平面布置草图，进一步解决功能是否合理的问题，包括功能分区、交通流线、家具位置、陈设配饰、设备安装等，进行多方案的比较与推敲，深化平面布置草图，确定平面布置草图。

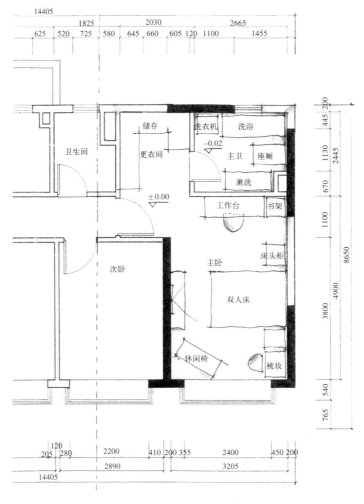

图 6-20　平面初步方案

【学习支持】

学生在主卧空间功能分区的基础上，学习装饰设计的方法、步骤，主卧空间常用家具、设备尺寸及功能区的尺度、交通交往等相关人体工程学数据等专业基础知识，能够进行平面功能分区及家具、陈设配饰、设备等的布置，完成平面布置草图。

1. 主卧空间装饰设计的方法、步骤

我们面对主卧室内装饰设计的工作任务时，一定要掌握必需的信息资料，较好地把握好室内装饰设计的规律，掌握正确的室内装饰设计基本方法与步骤。

（1）主卧室内装饰设计基本方法

1）室内装饰设计前期准备

室内装饰设计的前期准备工作，一定要全面、细致的研究和通盘筹划的考虑。只有这样，才有可能取得最佳的效果和效益。前期准备工作也就是装饰设计的准备阶段，其主要包括：

A. 设计委托

设计人员与业主（任务书）要广泛交流，了解业主的总体设想，弄清楚装饰设计的内容、条件、标准等重要问题，然后接受委托；根据设计任务书及有关国家文件签订合同，或者根据标书要求参加投标，明确装饰设计期限并制定装饰设计进度安排计划，有些还要考虑有关工种的配合与协调，明确装饰设计任务和要求等。

B. 现场考察

现场考察是在收集拿到建筑图纸资料之后而进行的，它可增加对设计任务书中的室内外环境等方面的感性认识。在无法收集到该建筑图纸资料时，现场考察调研时候可以采用测绘的方法进行补测。

C. 资料搜集

资料搜集工作，在装饰设计的前期准备工作中很重要，它往往占据了设计人员大量时间，但它能帮助设计人员清醒地认识装饰设计工作任务性质与工作条件，清理工作头绪，控制装饰设计进度。所搜集的装饰设计资料包括直接参考资料和间接参考资料。

直接参考资料，是指那些和设计任务书的设计性质相近、空间类似的室内装饰设计实例及相关的人体活动尺度等资料。

间接参考资料，是指那些和装饰设计有关的文化背景资料，如：委托人的审美观点、生活习惯、职业爱好等。

2）建筑装饰设计方案构思

装饰设计方案构思阶段是在室内装饰设计前期准备的基础上，进一步收集、分析、归纳资料，对室内装饰设计从整体到局部，局部到整体再到细部的综合考虑。

首先应进行总体方案构思，也就是对设计主题进行有一定深度的思考，以求对装饰设计方案有正确的认识和比较深刻的了解，这样才能产生指导性理念。

（2）主卧室内装饰设计基本步骤

室内建筑装饰设计基本步骤一般分为：

1）方案设计主题的酝酿阶段；

2）为完成主题的形象、色彩、装饰效果的发展阶段；

3）装饰效果的确定；

4）完成相关的装饰设计初步方案，如：平面布置图、吊顶布置图、室内立面图、主体空间效果图等。

2. 主卧空间常用家具、设备尺寸与布置

主卧的常用家具、设备包括：床、梳妆台、衣柜、休息椅、电视柜、洗手台、座厕、浴缸等。主卧的家具布置应根据空间的大小和夫妻的生活习惯而定。

（1）卧室常用家具尺寸与人体关系

在主卧中的床、梳妆台、衣柜等，同一类别的家具虽形式不同，但基本尺度大致相同。同类家具的尺度是由其使用功能决定的，如：衣柜的高度和衣物的最长尺度相吻合，其厚度又和衣物的基本宽度相吻合；床不仅要满足夫妻就寝时的基本尺度，而且还要考虑人上下床以及穿衣、看书等活动要求。了解人体的尺寸及动作姿势和动态尺寸，从室内建筑装饰设计角度来说，主要功用在于通过对生理和心理的正确认识，使主卧室内环境因素适应夫妻双方生活、活动的需要，进而达到提高主人套房室内环境质量的目标，如图 6-21、图 6-22 所示。

（2）卫生间的设计

◆ 卫生间尺寸与布置

卫生间的空间设计中，应合理地利用卫生间的狭小空间，安装既能使人动作随意舒适，又能保证安全方便的操作设备，充分营造满足生理和心理功能的舒适感。

卫生间的平面布置于气候、文化、生活习惯、设备大小、形式等有很大的关系。因此在布置上有多种形式，如图 6-23 所示。

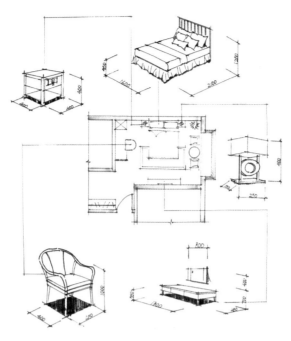

图 6-21　主卧家具尺寸与布置

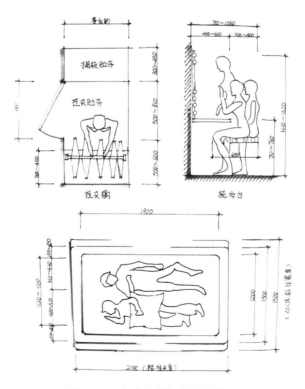

图 6-22　主卧家具与人体的关系

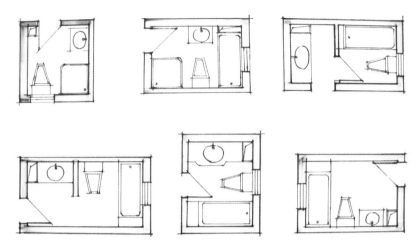

图 6-23　卫生间布置类型图

◆　卫生间设备与人体的关系

主卧的卫生间是应用人体工程学比较集中和典型的空间。由于空间相对狭小，且使用功能明确，因此不仅仅要求设备功能完备，而且做到摆放位置合理、方便。卫生间设备选择也很重要，卫生间的基本设备有洗面盆、浴缸、淋浴喷头、便器等。

随着生活水平的提高和居住条件的逐步改善，人们对卫生间要求越来越高，因此，在选择卫生间设备时，要注意夫妻双方的个人习惯、生活习俗、审美情趣等，并使人在使用时感到很舒适；在研究卫生间空间中人与设备的关系，人的动作尺寸及范围，人的心里感觉等要求比一般空间中更加细致、准确。如图 6-24、图 6-25 所示。

（3）平面设计与布置

应从画平面设计草图开始入手逐步形成平面初步方案设计，在平面设计草图的基础上，对平面及其他设计草图进行反复的推敲与深入，逐步把设计构思变成比较成熟的设计成果。无论是从功能分区、家具布置，还是空间组织的构思，都可以草图的形式反复进行。装饰设计草图的绘制过程，实际上是设计人员的思考过程，也是设计人员从抽象的思考逐步进入到具体的图式设计的过程。

◆　主卧平面方案设计

平面方案设计，因受到所处的区域环境、家居空间类型以及相应的装修标准等多因素的影响，其功能设计也各有特点。如主卧空间相对较小的，其设计就以满足基本功能为主；如主卧空间相对较大时，其设计就应使各区域的功能相对单一，使各区域的空间特征相对明显。

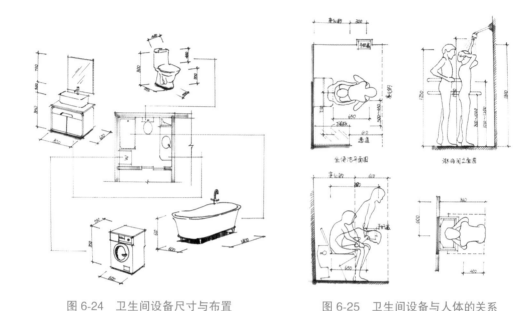

图 6-24　卫生间设备尺寸与布置　　　　　　图 6-25　卫生间设备与人体的关系

◆　主卧平面设计方案的推敲与筛选

在平面设计方案的设计阶段，设计人员应当通过各种方式，完整的向业主或委托方表达出自己构思与创意，并设法征得对方的同意和认可，一般在该过程中，要进行多方案的比较和筛选。只有多方案比较分析、筛选的过程才能使装饰设计方案趋于成熟。

【学习提示】

1.平面布置草图是按比例绘制的，它可以精准地描述空间和相关家具、墙体之间的比例关系。

2.绘制平面方案草图的一般要求，标明原建筑图上的柱网、承重墙体以及需要装饰设计的非承重墙体、门、窗、管井、阳台的位置等；标明房间名称、地面标高、家具、设备、隔断、陈设、配饰等的位置；标明装饰材料及分接线、分界线等；用图标注明立面图在平面图中的位置。

3.空间设计尺度，包含家具的基本尺度和家具之间的尺度，人和家具、设备之间的尺度等。如果处理不好空间设计尺度，就会影响到主卧的正常使用。

【实践活动】

根据主卧设计任务书的内容与要求、建筑平面图（条件图），对主卧平面进行设计与布置（草图）：

1.根据主卧各空间的功能区定位、规划，深化功能分区的形式，确定主卧空间的功能关系；

2.根据主卧各空间之间的功能关系，确定平面初步方案；

3.运用装饰设计的方法与步骤，进一步分析主要的功能要求及主卧空间常用家具、设备尺寸及各功能区的尺度；进行平面布置草图绘制，要求作出两个不同的方案进行分析与选择，如图6-26、图6-27所示；

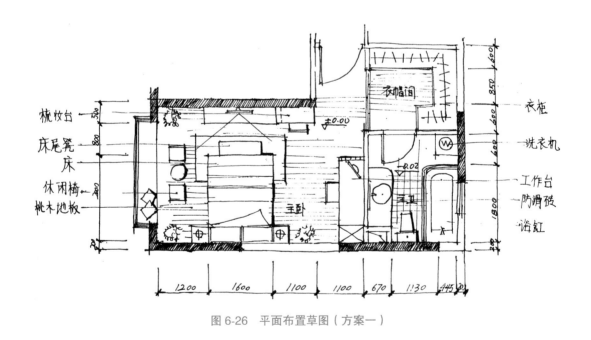

图6-26　平面布置草图（方案一）

4.根据主卧空间的设计要求，进行平面草图的深化与推敲，并综合2个方案的优点，确定平面布置草图。

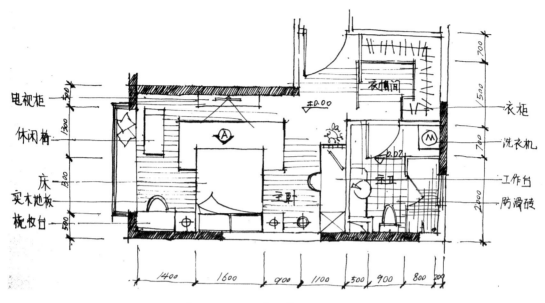

图 6-27　平面布置草图（方案二）

【活动评价】（表 6-3）

表 6-3

	评分项目	学生自评	小组评定	教师评分	平均分	总评分
评分细项（50%）	平面初步方案					
	常用家具、设备尺寸					
	平面布置草图绘制					
整体效果（50%）						
签名						

【知识链接】

1. 主卧家具的设计既要满足物质方面的使用功能，又要满足精神方面的审美需求。家具的物质功能，包括基本的使用功能。通过合理的家具布置，围合出不同用途的使用区域，并组织人们在室内的行动路线；还可以利用家具，间接扩大使用空间、填补和丰富使用空间。家具的精神功能，包括基本的陈设、文化功能，家具造型可简洁大方、古朴凝重、雍容华贵、浪漫飘逸、时尚另类等，不同家具的风格可以塑造不同的空间环境氛围，可以给人以美的精神享受，陶冶人们的审美情操。家具的造型与配置的差异，还直接影响着使用效率和室内环境效果。

2. 设计构思阶段，应在前期工作的基础上开始认真的设计构想，就主卧平面布置的关系、功能的布局、空间的处理设想，做出构思方案草图。构思方案草图一般包括：意向图功能分析图、平面布置图、空间透视草图等。

【练一练】

1. 在给出的平面图中，进行平面设计与家具布置（图 6-28）。

2. 进行平面设计与家具布置，需要注意的主要问题是什么？

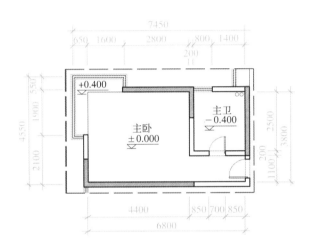

图 6-28　原建筑平面图

任务 4　主卧的装饰手段（灯具配置、界面处理、陈设配饰、装饰材料）

【任务描述】

　　通过对主卧空间的灯具配置和光环境设计，界面的处理、装饰材料选择与运用、陈设配饰的配置及主卧空间的色彩选择，使主卧的室内设计与装饰，达到隐秘、宁静、合理、美观、舒适和健康等要求。

【任务实施】

1. 根据主卧的平面设计及家具布置图，进行吊顶草图设计，其中包括吊顶造型、灯具配置和光环境设计、标高、材料标注等；

2. 根据主卧平面布置图、吊顶布置图，进行主卧立面草图设计；

3. 根据主卧的平面布置图、吊顶布置图、室内立面图进行主要装饰材料选用与标注；

4. 根据主卧的装饰设计主题或风格，进行陈设配饰的选择与色彩、材质配置。

【学习支持】

学生在主卧平面功能设计与家具布置的基础上，学习主卧空间的装饰手段，如灯具配置和光环境设计，界面的处理、装饰材料选择与运用、陈设配饰的色彩、材质配置等，能够进行主卧空间的装饰设计与绘图。

1. 灯具配置和光环境设计

主卧的灯具配置、使用是设计的出发点，设计时应分析使用对象对照度、灯具、光色等方面的需求，选择合适的光源、灯具及布置形式。另外，主卧的光环境设计尚具有装饰空间、烘托气氛、美化环境的功能，因此，光环境设计尽可能地配合主卧的室内装饰设计，满足室内装饰要求。

（1）主卧的照明选择

主卧作为睡眠的场所，对灯光有一定的要求。一般采用基础照明，亮度不需很高。主灯的选择应与整体的格调、氛围相匹配；其他灯具的选择也应注意整体的协调性，如床头灯的选择；虽床头灯的照明为局部照明，但其照明应根据功能需要达到足够的照明度，光源应以暖光源为主，使之产生温馨的气氛。还可采用台灯、吊顶射灯、落地台灯；床背景墙可采用装饰灯照射等，以增加空间艺术气氛；梳妆台采用光色、显色性较好的高照度照明，采用光线柔和的漫射光灯具，安装在梳妆镜正上方。主卧室照明效果，如图 6-29 所示。

（2）卫生间照明的选择

卫生间的照明一般包括基础照明和局部照明。基础照明可以采用吸顶灯、筒灯或装与高处的壁灯等；局部照明中灯具的选择一般选用红色光波较多的白炽灯、新型的荧光灯等。照明的选择要满足卫生间的功能等要求，因卫生间内部环境潮湿，则通常采用吸顶或壁式的防潮性灯具，梳妆照明在考虑灯具防潮的前提下与卧室梳妆做法相同，如图 6-30 所示。

图 6-29　主卧室照明效果

图 6-30　卫生间照明效果图

2. 主卧空间界面设计处理

主卧空间界面包括地面、顶面、墙面。界面设计处理是指界面在符合整体设计风格和满足功能要求的前提下，对各界面进行功能和特点分析后的设计处理。各界面的设计处理要和主卧空间设计相协调达到高度的有机统一。

（1）地面、顶面、墙面的设计与处理

1）地面

楼地面是主卧空间的基面，它承载着室内空间中家具设备、陈设品、人等荷载，是人直接接触的基面。地面的装饰，不仅对楼地面起到一定的保护作用，满足功能要求，还能起到很好的装饰作用。

楼地面的装饰设计处理，应满足耐磨、防滑、易清洁、视觉审美，符合主卧空间的装饰风格等要求；楼地面的装饰设计常用方法，是地面划分、图案设计、材料选择等。

2）吊顶

吊顶是主卧空间三个主要界面中不常与人接触水平界面，吊顶由于在人的视线上方，所以它的装饰设计处理在空间造型和限定空间高度方面起着决定性作用；它不仅能够美化室内环境，还能够营造出丰富多彩的室内空间艺术形象。

根据主卧空间的功能与使用要求，来设计吊顶造型、肌理质感及照明方式，来选用装饰材料。吊顶造型变化形式多样，不同的变化常常会带来多变的装饰效果，还能够调节室内环境的气氛；

根据装饰设计主题或风格，确定主卧吊顶造型的图案形式，色彩配置等，如图 6-31 所示；

吊顶装饰设计处理，就是指顶棚的设计与装饰，是主卧室内装饰的重要部分之一。应满足牢固、安全、视觉审美等的要求，符合主卧空间的装饰主题或风格等。

3）墙面

墙面是主卧空间三个界面中，唯一一个垂直界面，是以墙为主的实体立面和介于天花板与地面之间的虚立面为界面。室内立面图是表现室内墙面装饰、家具及墙面布置的图样，它形成的图样实际上是某一方向的正视图。

图 6-31　吊顶的造型设计

　　墙面是人们进入主卧空间内视线第一时间触及的界面，同时也是人们经常触摸的部位，所以墙面的设计与处理不但要考虑保证维护功能的需要，而且更是展现装饰设计主题或风格的重要界面。主卧室内墙面的设计与处理的原则一般是，要同设计主题或风格相呼应，注意墙面的层次、造型和整体感，同时注重背景的陪衬性；一般常用的处理手法有：

　　A. 根据设计元素进行墙面的设计与处理，如图 6-32 所示；

图 6-32　根据设计元素进行的墙面的处理

B. 根据设计风格进行墙面的设计与处理，如图 6-33 所示；

图 6-33　紧扣设计风格的墙面的处理

C. 根据基本图形的设计，进行墙面的设计与处理，如图 6-34 所示；

图 6-34　运用基本图形设计的墙面处理

D. 根据床背景墙和衣柜（储藏）一体化设计，进行墙面的设计与处理，如图 6-35 所示；

图 6-35　床背景和衣柜一体化的墙面处理

E. 根据主卧墙面的装饰材料，进行面与面的自然过渡，进行墙面的设计与处理，如图 6-36 所示；

图 6-36　面与面自然过渡墙面的处理

F. 根据"整体卧室"的设计，双人床、柜子、地板、背景墙等在内的一切元素，要与整体格调和谐，进行墙面的设计与处理，如图 6-37 所示；

图 6-37　床背景墙与家具、陈设等整体设计的墙面处理

G. 根据一些时尚元素，进行墙面的设计与处理，如图 6-38 所示。

图 6-38　运用时尚元素进行的墙面处理

　　墙面的装饰设计处理，就是指墙面的设计与装饰，是主卧室内装饰的重要部分之一。应满足使用功能、装饰构造、装饰美学等的要求，并通过色彩、材质、比例、尺度、形状等设计手法，创造出室内立面的美感。

　　（2）地面、顶面、墙面装饰材料的选用

　　建筑装饰材料是室内装饰最基本的装饰设计要素。主卧的地面、顶面、墙面装饰材料的选择与运用是否得当，对室内空间的装饰效果起着重要的作用，如图 6-39、图 6-40 所示。

图 6-39　罩面板效果图

图 6-40　木墙裙效果图

　　主卧地面、顶面、墙面各种装饰材料的选用，要注意装饰材料的造型、尺寸、色彩、光感、质感、触感、安全性和功能性，因为它们直接影响着室内空间的装饰效果。另外，主卧的地面装饰材料一般选用木地板（实木地板、复合木地板）或地毯，因木地板和地毯可以给人以温暖的感觉，而且具备防滑、吸声性能；一般不选石材作地面，因石材给人以冰冷、坚硬的感觉，而且防滑、吸声不佳。卫生间的地面一般低于主卧地面，使得卫生间与其他功能区做到"干湿分区"，地面装饰材料一般选用防滑地砖和石材。主卧的墙面可选用装饰墙纸、涂料等，应颜色柔和，能够使人感觉平静，有助于休息；尽可能不采用金属、玻璃、大理石等"冷、硬"性装饰材料。卫生间的墙面装饰材料可选用瓷砖或易清洁的艺术墙砖。常用墙面材料，如图 6-41 ～图 6-43 所示；常用地面材料，如图 6-44、图 6-45 所示；常用顶棚材料，如图 6-46、图 6-47 所示。

图 6-41　墙面装饰材料（壁纸、墙布）

图 6-42　墙面装饰材料（艺术涂料）（一）

图 6-42　墙面装饰材料（艺术涂料）（二）

图 6-43　墙面装饰材料（釉面砖）

图 6-44　地面装饰材料（复合地板）

图 6-45　地面装饰材料（石材板材）

图 6-46　顶棚装饰材料（装饰线）

图 6-47　顶棚装饰材料（铝扣板、石膏板、PVC 扣板）（一）

图 6-47 顶棚装饰材料（铝扣板、石膏板、PVC 扣板）（二）

（3）主卧陈设配饰的配置

主卧室的陈设配饰能够很好地表现室内空间的个性和特色，提升空间环境的魅力。它在充分表现个性特点和色彩的基础上，还能够营造出优美的格调与温馨的气氛，使主人在时尚、温馨的生活环境中得到充分放松休息与心绪的宁静。如图 6-48 所示。

在欧式配饰风格中，陈设以油画、雕塑、水晶灯、罗马窗帘等为主；在新中式配饰风格中，陈设以屏风、字画、瓷器、灯笼、竹子、壁饰等为主。总之，主卧室的陈设配饰的选择要注意与室内空间整体色调、风格相协调，否则会显得很凌乱，如图 6-49 所示。

主卧室内陈设的选择

主卧室内用品的选择，如：家具样式、陈设、色彩等，直接影响着主卧室的装饰效果。

1）主卧的家具选择

主卧的家具选择是室内装饰设计中很重要的一部分，家具的艺术风格直接影响到室内空间环境的主题格调，家具与室内空间环境是一个有机的整体。作为设计人员一方面需要把握家具设计的艺术风格，了解最新的家具设计潮流、市场信息等。

图 6-48　陈设配饰营造出优美的格调与温馨的气氛

图 6-49　不同风格的配饰选用与配置

家具是室内空间中使用频繁、占地较大、体量较大的重要设施，如床、衣柜等在室内空间中占有 1/3 左右的面积，在较小房间甚至占有 2/3 左右的面积。家具除了供人们坐、卧、贮藏等使用功能外，在室内空间环境中还参与空间组织等，如利用家具明确空间、组织空间、丰富空间、填补空间、强化空间，如图 6-50、图 6-51 所示。

图 6-50　家具决定主卧的风格　　　　　　图 6-51　利用家具丰富空间

2）主卧室的陈设选择

由于现代室内陈设艺术的不断发展和完善，陈设艺术所覆盖的范围越来越广，分工也越来越具体，因此，室内陈设的风格性也越来越强，如图 6-52、图 6-53 所示。

图 6-52　主卧配饰图（欧式）（1）

图 6-52　主卧配饰图（欧式）（2）

平面布置图

图 6-53　主卧配饰图（现代简约）（1）

图 6-53　主卧配饰图（现代简约）（2）

主卧陈设主要包括：窗帘、床上用品、灯饰、适当的壁饰工艺品和绿化，其中不同风格、颜色的窗帘和床上用品（床罩、枕套、靠枕）作为主卧最重要的陈设品，它们对主卧的装饰效果起着主要的作用。因此，对窗帘和床上用品，强调协调和配套，在图案和色彩上遵循大协调，小对比的原则，如图 6-54、图 6-55 所示。

图 6-54　陈设与其他装饰相呼应和协调一致

图 6-55　陈设饰品的色彩、款式、意蕴与
装饰风格相协调

壁饰包括雕刻、画框、壁毯等，对主卧的风格情调的形成起着画龙点睛的作用（图 6-56 ～图 6-58）。

3）主卧室内空间的色彩选择

主卧室内空间的色彩选择，学生可运用"装饰绘画"课程已经掌握的色彩的基础知识和绘画技能，对色彩进行选择与运用。

图 6-56　壁饰对风格情调起着画龙点睛的作用

图 6-57　木雕、装饰画对主墙面的重点装饰

图 6-58　主墙面利用装饰画形成视觉中心

由于主卧室内空间的色彩选择，是主卧室内空间环境设计中最敏感、最容易取得装饰效果的手段；而室内空间又要求表现有其强烈特点的环境气氛；所以，主卧的色彩选择对室内空间环境的创造尤为重要。

综上所述，学生就可以通过色相、纯度、色调、对比等手段来表达人们的感觉、体验、情感和联想，使人们产生不同的心理和生理反应，甚至进一步影响人们对相关事物的理解和看法。例如：相关色彩不仅使人产生冷暖、轻重、远近、明暗等感觉，而且会引起人们的新奇感受和回忆。

室内色彩选择的一般技巧是熟练地使用色环，则易于选配出室内空间环境所需要的装饰效果；例如可进行单色配色、邻色配色、对比配色、补色配色、三等分配色等。具体来说：单色搭配，颜色选用都是同一色系或平行色系，这样营造出的视觉感受很有冲击力；邻色配色，颜色不会过于单调，会产生活跃感（绿色和蓝色、橘黄色和粉红色等）；对比配色，一般是以点缀色出现，注意色块的面积比例，力求色彩产生多层次、多样化的变化；补色配色，色彩对比强烈，配色更加大胆，鲜明的色彩对比会营造出震撼的视觉效果；三等分配色（取任意 3 个等分色块为组合），一般选用柔和版的色块，通过巧妙的颜色混搭让空间呈现温馨大气的格调；同时还可以使空间气质得以提升。

主卧空间的色彩选择，要依据主卧的基本功能是提供休息和睡眠的，所以，主卧的色彩选择与设计应体现安静、舒适、温和的环境气氛，并宜于人在这放松的空间环境里得到休息，如图 6-59 ～图 6-61 所示。

图 6-59　选用高级灰色彩，体现出一种低调而不失奢华的画面质感

图 6-60　选用低饱和度色彩，体现出素雅清丽、平和舒适的环境气氛

一般来说，主卧的色彩选择不宜大面积太鲜艳、太刺激、对比太强烈，应尽量选择中低彩度和明度的颜色，小面积的配饰、家具可选择颜色的强对

比。另外，在色彩的构成中，不宜超过"3个色彩框架"，而这3个框架一般要按照6：3：1"黄金比"，也就是主色：次要色：点缀色，这样会得到一个比较好的效果。主卧还经常选用浅黄色、浅棕色、灰绿色、灰蓝色等，如图6-62～图6-68所示。

图6-61　选用中低饱和度色彩，整体色调被压低，体现出舒缓温和之美

图6-62　大面积选用灰豆绿、浅灰粉等弱对比色彩，美感呼之欲出

图6-63　浅黄金属色与大量明亮颜色的交错运用，赋予空间时尚、温馨的情感

图 6-64　浅棕色的墙面与金属窄框线的搭配，营造出一种精致感和轻奢的韵味

图 6-65　灰绿色与大量浅色的交错搭配，体现出时尚自然的氛围

图 6-66　蒂芙尼蓝、马卡龙色的运用，体现出一种时尚和高级感

图 6-67　大面积灰粉色的运用，使空间时尚、温馨、浪漫

图 6-68　大面积的灰色，配以小面积的对比色，起到了画龙点睛的作用

【学习提示】

1. 要掌握室内立面与空间装饰设计的基本原则，熟悉室内的灯具配置、界面处理、装饰材料、陈设饰品的配置与选用，熟悉室内装饰材料的装饰工艺，便于较好的进行界面的设计与处理。在室内立面装饰设计中，应根据主卧的性格特征、设计主题和风格，把握好装饰材料的材质、肌理、色彩、面

积等设计要素；在室内界面的设计中，学会运用对比的手法，如装饰材料质感的对比、图案大小的对比、色彩的对比等。

2. 主卧的色彩选择，要注意色彩选择和设计不是孤立的。居家生活的方式，个性是多样化的，每一种生活方式都决定了一种格调。所谓风格、纹样和色彩等都只是设计的工具，装饰格调才是设计的灵魂，如在卧室的整体布置上，陈设布艺也要与其他装饰相呼应和协调，它的色彩、款式、意蕴等表现形式，要与室内装饰格调相统一；比如：色彩浓重、花纹繁复的布艺适合欧式风格的空间；浅色具有鲜艳彩度或简洁的布饰，能衬托现代感强的空间。

3. 主卧的色彩运用，它与空间形体、采光照明、材料肌理等综合在一起的，也就是说在进行色彩设计的同时，要考虑主卧的功能和精神因素、装饰主题、格调等。

【实践活动】

1. 进行主卧吊顶草图设计，其中包括灯具配置和光环境设计（比例1：50），要求做出 2 个不同的方案进行分析与选择，并进行平面草图的深化与推敲，综合 2 个方案的优点，确定吊顶布置草图，如图 6-69、图 6-70所示。

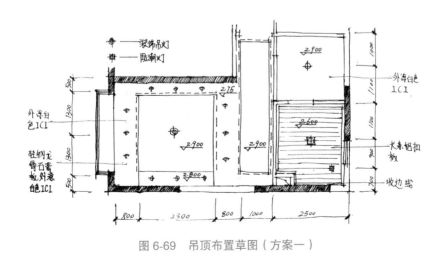

图 6-69　吊顶布置草图（方案一）

2. 进行主卧立面草图的设计，要求做出 2 个不同的方案进行分析与选择，并进行立面草图的深化与推敲，综合 2 个方案的优点，确定立面草图（比例

1：30），如图 6-71、图 6-72 所示。

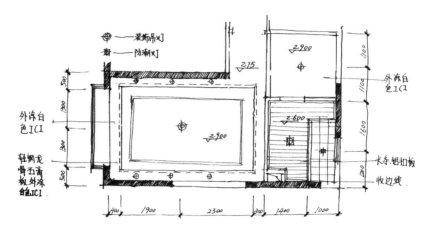

图 6-70 吊顶布置草图（方案二）

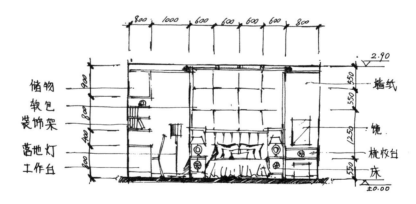

图 6-71 室内 A 立面草图（方案一）

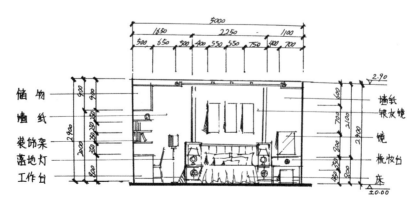

图 6-72 室内 A 立面草图（方案二）

3. 进行界面（地面、顶面、墙面）装饰材料的选择与标注；进行陈设配饰的配置。

4. 主卧空间的色彩选择。

5. 绘制出 2 ~ 3 个大样、构造图（比例自定）。

6. 运用一点透视原理表达主卧室内空间设计构思与创意，完成主卧室内空间的透视草图，如图 6-73 所示。

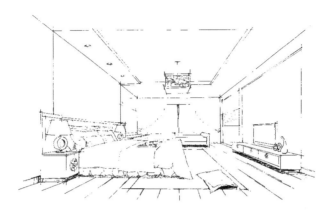

图 6-73　主卧室内透视草图

【活动评价】（表 6-4）

表 6-4

	评分项目	学生自评	小组评定	教师评分	平均分	总评分
评分细项（50%）	吊顶草图绘制					
	立面草图的绘制					
	透视草图					
整体效果（50%）						
签名						

【知识链接】

1. 室内空间界面在进行艺术设计时，为了达到空间环境的整体性，要尽量做到界面设计的和谐统一，并要注重界面设计的风格，注重界面设计要与其他构件（梁、柱、灯具等）的统一处理。如在主卧室内空间中，界面所占的面积最大，是室内整体环境的舞台和背景，因此界面的艺术设计在色彩、造型、材质等的选择方面要注意和谐统一，避免变化太多而造成喧宾夺主。另外，空间界面的风格决定室内整体环境的风格，界面之间的风格特色要统一，还要注意界面的风格与室内家具，陈设配饰的风格的和谐统一。

2. 室内空间的照明设计，一般是要遵循一定的原则，如要适应主卧室内空间功能的要求、要与室内风格相协调、要处理好照明设计与室内整体环境的关系等。在照明设计中处理好各种关系，就能够相辅相成、相得益彰，如果处理不好，它们就会各唱各的调，就不能形成一个良好的整体效果。

【做一做】

1. 在给出的吊顶平面图中，进行设计与灯具布置，如图 6-74 所示。需要注意的主要问题是什么？

2. 根据图 6-28、图 6-74，进行床背景墙设计。

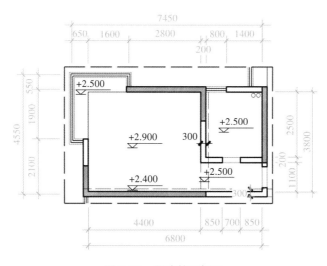

图 6-74　原建筑顶棚图

任务 5　手绘主卧装饰设计方案效果图

【任务描述】

在完成了以上各个阶段的设计草图及对所有的图样经过修改和核准后，

则按照方案图要求、比例绘制成正式的图样，如平面布置图、吊顶布置图、室内主要立面图、主卧空间效果图等，如图 6-75 所示。

图 6-75　主卧空间效果图

【任务实施】

1. 在绘制正式图之前，先进行合理的图面构图和布置；

2. 根据平面方案设计草图中的家具、设备等的位置，按比例在平面布置图中绘出，标注尺寸线、房间名称、装饰材料、图标、图名等；

3. 根据吊顶方案设计草图中的灯具、装饰造型等的位置，按比例在吊顶布置图中绘出，标注尺寸线、房间的标高、装饰材料、灯具图例等；

4. 根据完成的平面布置图、吊顶布置图确定绘制室内主要立面图（床背景）；标注尺寸线、装饰材料、图标、图名等；

5. 在主卧室内空间透视草图上进行完善，并进行细部、重点部位的刻画；

6. 根据主卧室内空间设计构思与创意，选定渲染色彩，手绘主卧空间效果图。

【学习支持】

1. 主卧空间方案设计图绘制与要求

（1）按比例绘制平面（吊顶）布置图

1）依据图纸的大小，先进行画面构图，之后根据给定的主卧建筑平面图，先画出轴线、墙体、柱形，再开门窗洞口，同时绘出 3 道尺寸线的位置；

2）根据最后确定的平面方案设计草图中的家具、设备的位置，按比例在平面布置图中绘出；

3）用同一种线型绘出平面布置图，上墨线时再做线型区分；

4）标注房间名称、装饰材料、图标、图名等，如图 6-76 所示；

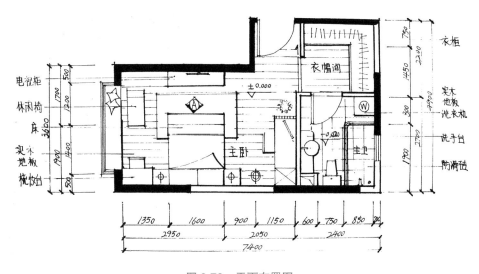

图 6-76　平面布置图

5）吊顶布置图和平面布置图可同时放样，提高绘图效率。根据最后确定的吊顶方案设计草图，在其图中需标注灯具的位置、标高、装饰材料等，图面附近标注灯具图例，如图 6-77 所示。

（2）按比例绘制室内主要立面图

1）根据完成的平面、吊顶布置图，确定绘制室内立面，宜反映出内容较全面和方案设计重要区域的立面；

2）应从主要空间开始依次绘出次要空间等，并在平面布置图上相应空间位置，按顺时针方向，依次编号并标注立面索引符号；

3）室内立面方案设计图，高度（标高）可标注 2 道尺寸线，其高度量取应根据吊顶布置图的标高。绘图时要注意室内立面与吊顶连接部位的正确表达，反映出吊顶造型，如图 6-78 所示。

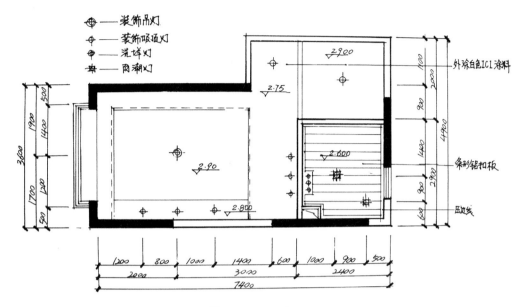

图 6-77 吊顶布置图

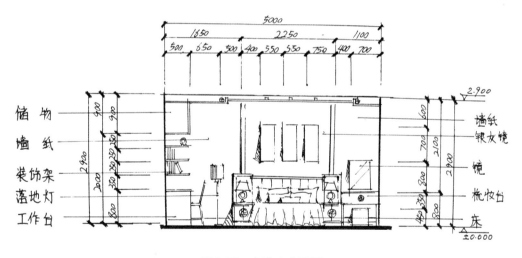

图 6-78 主卧 A 立面图

（3）手绘主卧空间效果图

1）运用一点或两点透视原理表达室内空间设计构思与创意；并且透视图的构图要合理，透视基本准确，并能够客观地反映主卧空间的设计意图。

2）选择手绘效果图的表现方案，可用彩铅、马克笔或彩铅与马克笔综合表现等，正确把握效果图绘制的步骤、方法。

3）主卧空间效果图色调的选择很重要，室内空间的颜色，是多种色彩立体搭配的界面，如地面、墙面、顶棚的颜色、窗帘的颜色属于背景色，除此以外还有家具、陈设配饰、设备的颜色等，如果选择不当就破坏了主卧空间的整体效果。

2. 主卧空间色彩设计的基本原则与方法

（1）色彩设计的基本原则

1）色彩设计要满足主卧的功能要求，因为色彩能够从生理和心理方面直接或间接的对人产生影响，所以会影响人们的生活和睡眠质量。因此，色彩设计应充分考虑主卧空间环境的性质、使用功能和精神功能等；

2）色彩设计应符合形式美的规律和法则，要处理好统一与变化、节奏与韵律、平衡与稳定等关系；

3）根据色彩的协调规律，色调分类与选择大致可分为：同一色调、类似色调、互补色调、分离互补色调、双重互补色调、三色对比色调、无彩色调、无彩色与重点色相结合的色调等。

（2）色彩设计的方法

色彩设计的方法是多种多样的，它作为室内装饰设计的一个重要组成部分，贯穿于设计的全过程，并在整个设计的过程不断进行修改和完善。一般情况下，色彩设计首先要根据主卧空间的设计意图和主题来确定色彩的主基调，然后进行界面、家具、灯具、陈设、饰品、设施等的色彩设计。如：以下不同的主题和风格，有针对性的色彩设计：

1）轻奢新中式，色彩多以淡雅色调为主，常辅以红、橙、蓝、绿等亮色作局部点缀，明快而富有个性、风雅韵味呼之欲出，如图6-79所示。

图6-79 轻奢新中式，色彩多以淡雅色调为主

2）工业风，色彩多以深灰色为主，并采用大量的深色调的元素，为了避免室内空间有压抑沉闷感，辅以重点的木质纹理和有细节的亮色陈设饰品，打造出了清新的轻工业风，如图 6-80 所示。

图 6-80　工业风，色彩多以深灰色为主，局部点缀亮色

3）色彩艺术主题，常用色彩纯度较高色块搭配，并辅以艺术感较强的陈设配饰，鲜明的色彩碰撞以及气质融合打造出温馨时尚气氛，如图 6-81 所示。

图 6-81　色彩艺术主题，鲜明的色彩碰撞

4）地中海风格，以海军蓝色为主色，融入海港元素，凸显海洋的飘逸、灵动的感觉，如图 6-82 所示。

5）现代自然风格，以绿色为主色调，舒适的配色使彼此和谐，营造了清新舒适空间氛围，如图 6-83 所示。

图 6-82　地中海风格，以大海的蓝色为主色

图 6-83　以绿色为主色调，舒适的配色使彼此和谐

【学习提示】

1.进行合理的图面布置，包括图样、图名、尺寸、文字说明等，要主次分明、排列均匀紧凑、表达清晰、线型规范。

2.在手绘效果图时，不能失去尺度感，这是很重要的。手绘是以透视原理为基础，将重要的关键点以更有效的表现手法来完成，在表达设计意图方面能够发挥很好的作用。主卧空间的效果图是装饰设计方案的虚拟再现，是为了表现设计方案的空间效果而做的一种三维阐述，最终的空间效果图要根据方案的特点、主题或风格确定所用的表现技法。

【实践活动】

根据主卧设计任务书的进度与要求，绘制主卧室内设计与装饰的正式图，主要包括平面布置图、吊顶布置图、室内主要立面图、主卧空间效果图。

1. 进行合理的图面构图和布置；

2. 按比例及制图规范绘制平面图，并标注地面材料、3 道尺寸线、地面标高、图名、图标、比例尺等，如图 6-84 所示；

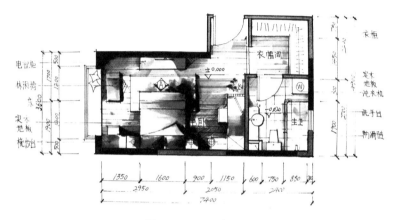

图 6-84　平面布置图

3. 按比例及制图规范绘制吊顶图，同时标注 2 道尺寸线；标注房间的标高、装饰材料、灯具图例、图名、比例等，如图 6-85 所示；

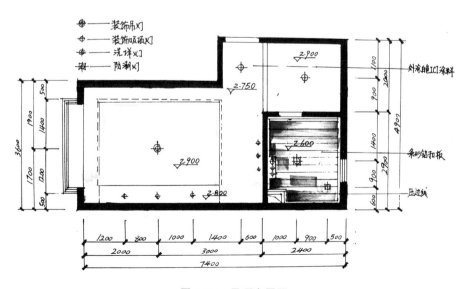

图 6-85　吊顶布置图

4.在平面布置图、吊顶布置图完成之后，确定绘制室内主要立面图（床背景）；同时标注2道尺寸线，标注装饰材料、图名、比例等，如图6-86所示；

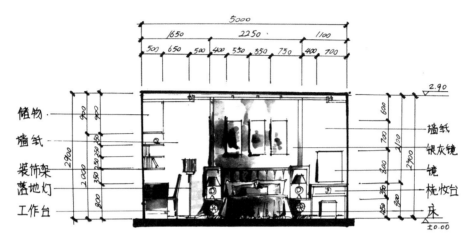

图6-86　主卧A立面图

5.完善主卧室内空间透视图，并进行细部、重点部位的刻画。

6.选定渲染的工具与色彩，按照渲染的步骤、方法，手绘主卧空间效果图，如图6-87所示。

图6-87　主卧空间效果图

【活动评价】（表 6-5）

表 6-5

	评分项目	学生自评	小组评定	教师评分	平均分	总评分
评分细项（50%）	方案正图绘制					
	材料标注					
	透视图表现					
整体效果（50%）						
签名						

【知识链接】

1. 色彩与表达感情的关系

（1）色相中的色彩表现的感情效果

在色彩的搭配中，有感觉温暖的暖色（红、橙、黄）和感觉寒冷的冷色（蓝绿、蓝、蓝紫）；另外，不同的色彩会引起人们不同的情绪效果；如红色使人兴奋、欢喜，绿色使人平安、平静，蓝色使人深远、充实等；

（2）收缩、后褪色与膨胀、前进色之间的关系

在表现主卧空间的效果图时，有时会用到它们。如收缩、后褪色的家具或墙面，似乎家具或墙面被向后拉；相反，膨胀、前进色家具，感觉较大，似乎墙面被向前拉。将这一效果运用在色彩的搭配上，可以让家具或空间变得更大或更小。

2. 色彩搭配与和谐

在室内色彩设计中，最根本的是配色问题，这是室内色彩效果优劣的关键。色彩效果取决于不同颜色之间的相互关系，同一颜色在不同的背景条件下，其色彩效果可以迥然不同，这是色彩所有的敏感性和依存性，因此如何处理好色彩之间的协调关系，就成为色彩搭配与和谐的关键问题。

3. 色彩在室内设计中的作用

创造有层次、有性格、讲情调的色彩效果，使人身心健康，给人以美的享受。室内设计除色彩外，还有空间、家具、设备、陈设、配饰、装饰材料等，无非都是以形和色为人们所感知。形和色是不可分的，空间形态、家具

设备、陈设配饰虽有某些不足之处，却可通过色彩装饰，会得到不同程度的补充和改善。

【想一想】

1. 手绘效果图的基本原则与方法是什么？
2. 主卧室内立面设计需要注意什么？

【优秀作品展示与评价】

[作品一]

画面构图饱满、丰富。制图规范，色彩协调，整体效果较好，如图 6-88 所示。

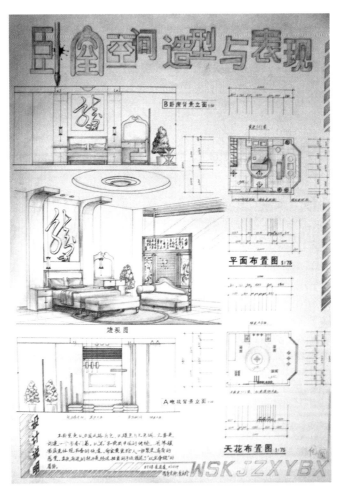

图 6-88　主卧室内设计与装饰（学生作品）

[作品二]

画面气氛温馨、安静，主要空间比较突出，布图合理、制图规范，如图 6-89 所示。

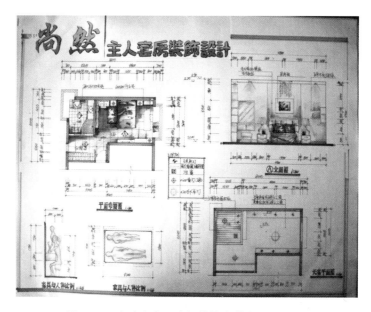

图 6-89　主卧室内设计与装饰（学生作品）（1）

画面构图均衡，主空间明确。配图、配饰丰富有生活气息，透视图表现比较好，但地面的处理不够理想，用色欠佳，如图 6-90 所示。

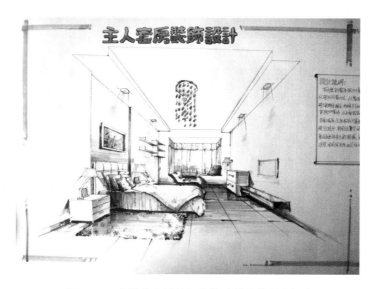

图 6-90　主卧室内设计与装饰（学生作品）（2）

[作品三]

企业家（林俊武）作品，如图 6-91 ～图 6-93 所示。

ROOST 栖息

住宅是居住的机器

生活不应是从一个"金属盒子"到另一个"金属盒子"

人们在栖息、漫步中思考，寻找诗意与远方。

HOUSES ARE MACHINES FOR LIVING

LIFE SHOULD NOT BE FROM ONE "METAL BOX" TO ANOTHER "METAL BOX"

PEOPLE THINK WHILE ROOSTING AND WALKING, LOOKING FOR POETRY

AND DISTANCE.

HIGH-END SINGLE HOUSE DESIGN

▲ 玄关效果图　ENTRANCE RENDERING

作为住宅的核心，设计选择了将客厅空间与餐区功能结合布置，形成对话关系。餐区不在单只是就餐空间，更是业主茶余饭后的交谈空间。

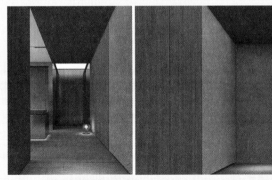

▲ 玄关角度2　ENTRANCE ANGLE 2

▲ 餐区效果图　DINING AREA RENDERINGS

图 6-91　企业家作品（1）

▲ 客厅效果图 LIVING ROOM RENDERINGS

▲ 餐区效果图1 DINING AREA RENDERINGS 1

▲ 餐区效果图2 DINING AREA RENDERINGS 2

　　立面上的体块处理，设计选择了将空间简化，回归到诚实的建构关系中。通过横向的体块延伸，引导视觉。结合纵向的体块穿插，加强了空间的体块关系。

　　就餐区域，让墙体留洞，将厨房空间的视野引入客厅，改变了客厅原本"一字长条"的格局。且在实际居住过程中，这像是设计为厨房与餐区，服务与被服务之间预留的一扇便捷窗户。提高了业主居住的舒适度。吧台桌内部暗藏了收缩台面。可展开形成聚会模式。这让空间在原有1+1的模式下，升级为2+1，甚至是2+N的居住场景。

图 6-92　企业家作品（2）

▲ 卧室效果图1　BEDROOM RENDERINGS 1

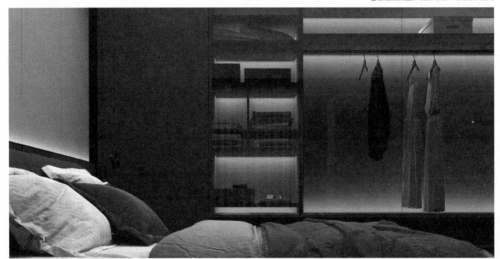

▲ 卧室效果图2　BEDROOM RENDERINGS 2

　　卧室的处理中，设计考虑更多的是实用性与舒适性及氛围感的加强营造。将衣柜以展示柜的形式呈现，而不仅是作为收纳空间。这能更好的丰富空间层次。在空间中的定义，更像是男女主人之间，一段潜藏的沟通，或是生活品质与趣味的呈现。

　　冥想，是人们思考与沉淀的一道"有效工具"。在卫生间设计的处理上，设计选择了让空间留白，这有助于业主在一天的疲惫后，能在此得到身体上和精神上的完全"卸甲"。

People think while roosting and walking, looking for poetry and distance.

人们在栖息、漫步中思考，寻找诗意与远方。

▲ 卫生间效果图　　TOILET RENDERINGS

图 6-93　企业家作品（3）

参考文献

[1] 高钰，孙耀龙，李新天.居住空间室内设计速查手册 [M]. 5 版.北京：机械工业出版社，2013.

[2] 幸福空间有限公司.混搭风 [M].北京：清华大学出版社，2011.

[3] 李晨.室内设计原理 [M].天津：天津大学出版社，2011.

[4] 陈雪杰，业之峰装饰.室内装饰材料与装修施工实例教程 [M].北京：人民邮电出版社，2013.

[5] 程瑞香.室内与家具设计人体工程学 [M].北京：化学工业出版社，2008.

[6] GB/T 50001－2012.房屋建筑室内装饰装修制图标准 [S].

[7] 张抒.美哉宋体字 [M].重庆：重庆大学出版社，2013.

[8] 华逸龙，刘晓君.现代装潢美术字字库丛书——黑体字库丛书 [M].上海：上海书画出版社，1999.

[9] 华逸龙，刘晓君.现代装潢美术字字库丛书——宋体字库丛书 [M].上海：上海书画出版社，1999.

[10] 李少波.中国黑体字源流考 [J].装饰.2011.3

[11] 魏启猛.字体设计初学者必读 [EB/OL].[2020-3-21].http://719947537.qzone.qq.com.

[12] 洪慧群.手绘表现技法 [M].广州：华南理工大学出版社，2010.

[13] 王文全.建筑装饰表现技法 [M].北京：机械工业出版社，2011.

[14] 度本图书（Dopress Books）.古典形式美 [M].南京：江苏科学技术出版社，2013.

[15] 赵经寰.视觉形式美学 [M].成都：四川美术出版社，2012.

[16] 赵江洪.设计艺术的含义 [M].长沙：湖南大学出版社，1999.

[17] 王忠恒，于振丹.实用平面构成训练技法 [M].北京：清华大学出版社，2010.

[18] 于国瑞.平面构成 [M].修订版.北京：清华大学出版社，2012.

[19] 张殊琳.平面构成 [M].北京：高等教育出版社，2010.

[20] 汪芳.平面构成 [M].杭州：浙江人民美术出版社，2010.

[21] 张绮曼，郑曙旸.室内设计资料集 [M].北京：中国建筑工业出版社，1991.

[22] 朱吉顶，范国辉.建筑装饰设计 [M].北京：机械工业出版社，2011.

[23] 朱向军.建筑装饰设计基础 [M].北京：机械工业出版社，2011.